Ferdaous Mani

Amélioration génétique de quelques génotypes de pois protéagineux

Ferdaous Mani

Amélioration génétique de quelques génotypes de pois protéagineux

Éditions universitaires européennes

Imprint

Any brand names and product names mentioned in this book are subject to trademark, brand or patent protection and are trademarks or registered trademarks of their respective holders. The use of brand names, product names, common names, trade names, product descriptions etc. even without a particular marking in this work is in no way to be construed to mean that such names may be regarded as unrestricted in respect of trademark and brand protection legislation and could thus be used by anyone.

Cover image: www.ingimage.com

Publisher:
Éditions universitaires européennes
is a trademark of
International Book Market Service Ltd., member of OmniScriptum Publishing Group
17 Meldrum Street, Beau Bassin 71504, Mauritius

Printed at: see last page
ISBN: 978-3-8416-7052-6

Copyright © Ferdaous Mani
Copyright © 2015 International Book Market Service Ltd., member of OmniScriptum Publishing Group

Amélioration génétique de quelques génotypes de pois protéagineux

Dr. FERDAOUS MANI

Amélioration génétique de quelques génotypes de pois protéagineux (1)

Table des matières (2)

RESUME (7)

ABSTRACT (8)

Introduction Générale (9)

Chap. I. Analyse Bibliographique (11)

1. Le pois (11)

1.1. Origine de la plante (11)

1.2. Cycle végétatif de la plante (11)

1.2.1. La germination (12)

1.2.2. La croissance végétative *(12)*

1.2.3. La floraison (13)

1.2.4. La fructification (14)

1.2.5. La récolte (15)

1.3. Les exigences du pois (15)

1.3.1. Le climat favorable (15)

1.3.2. Les exigences hydriques (16)

1.3.3. Le sol préféré (16)

1.3.4. L'époque des semis (16)

1.3.5. Préparation du sol (16)

1.3.6. La fumure (16)

1.3.7. Les soins culturaux (17)

1.4. La résistance aux maladies (18)

1.4.1. Anthracnose (18)

1.4.2. Oïdium (18)

1.4.3. Le mildiou (18)

1.4.4. Jaunisse apicale (19)

1.4.5. Brunissement précoce *(19)*

2. Critères de sélection et composantes du rendement (19)

2.1. Importance des composantes du rendement (20)

2.2. Contribution de la phase végétative au rendement (22)

2.2.1. La formation des graines (22)

2.2.2. Relation entre le type d'architecture de la plante et le rendement (22)

2.2.3. Effet de la durée des stades phrénologique sur le rendement (23)

2.2.4. Effet de la hauteur et conséquences sur la récolte mécanique (24)

2.2.5. Relation entre rendement biologique et indice de récolte (24)

3. La fixation symbiotique de l'azote atmosphérique (24)

3.1. Le Rhizobium (25)

3.1.1. Définition (25)

3.1.2. Morphologie du Rhizobium (25)

3.1.3. Ecologie du Rhizobium (25)

3.1.4. Notion d'infectivité et d'effectivité (25)

3.2. La symbiose Rhizobium-légumineuse (26)

3.2.1. Infection des racines et formation des nodules chez les légumineuses (26)

3.2.2. Spécificité de l'interaction Rhizobium légumineuse (26)

3.2.3. Les gènes de nodulation (27)

3.2.4. Processus de la réduction de l'azote atmosphérique (27)

3.2.4.1. Réaction globale (27)

3.2.4.2. La nitrogénase (27)

3.2.4.3. La léghemoglobine (28)

3.2.4.4. Mécanisme de réduction de l'Azote (28)

4. Etude des polymorphismes morphoagronomiques et biochimiques (29)

4.1. Les paramètres morpho-agronomiques (29)

4.1.1. Le type du grain et sa couleur (29)

4.1.2. La précocité (29)

4.1.3. Le port de plante (30)

4.1.4. La morphologie foliaire (31)

4.1.5. Le groupement de maturité et l'évolution de la maturation (31)

4.2. Les paramètres biochimiques (32)

4.2.1. Au niveau de la teneur en protéines (32)

4.2.2. Au niveau de la composition en acides aminés (33)

Références Bibiographiques (34)

Chap.II. Comportement agronomique d'une collection de pois *Pisum sativum* L. (41)

Résumé (41)

Summary (42)

Agronomical Behaviour of a Pea Collection Pisum sativum L. (42)

Introduction (42)

Matériel et méthodes (43)

Résultats (44)

1. Observations (44)

2. Croissance végétative (47)

2.1. Matière fraîche de la plante (47)

2.2. Poids frais et longueur des racines par plante (48)

2.3. Longueur des vrilles par plante (48)

2.4. Hauteur de la tige principale (48)

3. Floraison de la plante (49)

3.1. Période semis – floraison (49)

3.2. Nombre de fleurs par plante (49)

4. Fructification de la plante (49)

4.1. Nombre de branches fructifères (49)

4.2. Nombre de gousses par plante (54)

4.3. Nombre de grains par gousse et nombre de grains par plante (54)

4.4. Rendement en grains par plante (54)

Discussion (55)

Conclusion (56)

Références Bibliographiques (58)

Chap. III. Etude de la variabilité génétique chez le pois (*Pisum sativum* L.) (61)

Résumé (61)

Abstract (61)

1. Introduction (62)

2. Matériel et methods (63)

2.1. Matériel utilisé (63)

2.2. Protocole expérimental (63)

2.2.1. Essai sous serre (63)

2.2.2. Essai en plein champ (64)

2.3. Paramètres mesurés (65)

2.3.1. Paramètres mesurés sous serre (65)

Paramètres de croissance (65)

L'étude foliaire (65)

L'étude des composantes du rendement (65)

Dosage de l'azote total dans la graine (65)

2.3.2. Les paramètres mesurés en plein champ (66)

La date de levée-La date de floraison (66)

La mesure des paramètres de croissance (66)

Le dosage d'azote total dans la plante (66)

L'étude des composantes du rendement (66)

3. Analyses statistiques (66)

3.1. Analyse de variance (66)

3.2 .Comparaison des moyennes (67)

3.3. Corrélations entre les paramètres étudiés (67)

3. 4. Analyse en composantes principales (ACP) (67)

3.5. Méthode de classification hiérarchique ascendante des génotypes (68)

4. Résultats et discussion (68)

4.1. Analyse de la variance des caractères étudiés et comparaison des moyennes (68)

4.2. Corrélations entre le rendement et les paramètres étudiés (70)

4.2.1. Corrélations entre le rendement et les paramètres étudiés sous serre (70)

4.2.2. Corrélations entre le rendement et les paramètres étudiés en plein champ (72)

4.3. Analyse en composantes principales (75)

4.3.1. Analyse du facteur 1 (75)

4.3.2. Analyse du facteur 2 (77)

4.3.3. Analyse du facteur 3 (77)

4.4. La classification hiérarchique ascendante par la méthode d'agrégation (78)

Conclusion (79)

Abréviations (80)

Références (81)

ANNEXE 1 : Analyse de variance –SERRE (86)

ANNEXE 2 : Analyse de variance –CHAMP (88)

ANNEXE 3 : Analyse en composantes principales (90)

RESUME

Ce travail a pour objectif principal d'explorer la variabilité intra-spécifique pour le rendement et plusieurs autres paramètres et de déterminer des critères de sélection susceptibles d'être utilisés dans des programmes d'amélioration génétique du rendement du pois. Le rendement et ses composantes, les paramètres phénologiques, les caractéristiques de le surface foliaire, les paramètres de croissance ont été étudiés, sur 12 variétés de petit pois dans deux environnements différents : sous serre et en plein champ. L'analyse de variance effectuée sur les 12 génotypes a montré une grande variabilité pour les paramètres phénologiques, la hauteur de la plante, le nombre de branches, le rendement, et ses composantes et pour les caractéristiques de la feuille. Les résultats de l'analyse de corrélation et de l'analyse en composantes principales ont montré que les paramètres : Nombre de gousses par plante, nombre de graines par plante, la hauteur, la biomasse, la longueur et la surface des vrilles, l'indice de récolte, la date de floraison, peuvent être des critères déterminants pour la sélection des génotypes à haut rendement. Les géniteurs les plus performants, ayant enregistré les meilleurs rendements en grains, sous serre sont les génotypes Purser, avec un rendement de 24.02 g et le génotype Rajai torpe avec un rendement de 9.78 g. En plein champ, le génotype le plus performant est le génotype Major kosep korai qui a enregistré un rendement égal à 61.41 g, suivi du génotype Merveille de Kelvedon qui a donné 48.57 g. Les génotypes Asgrow, Lincoln et Surgevil ont enregistré aussi des rendements supérieurs.

Ces idiotypes seraient utiles dans les programmes d'amélioration du petit pois.

Pour chaque site, un modèle de variété de sélection a été proposé pour améliorer le rendement en grains.

ABSTRACT

The principal objective of this work is to explore intraspecific variability for yield and other parameters, and to determine some criteria to make selection species easy in early stage in programs of genetic improvement of yield of peas. To determine these concepts ,many morphological parameters , composed of yield and its components , phenological parameters ,characteristics of leaf , parameters of growth , were studied on 12 lines of pea in two different environments : under greenhouse and in field during the 2003/2004 season .

The results showed an important genetic variability between the genotypes for: Number of pods per plant, the phenological parameters, the lenght of plant, the number of branches, the yield and its components and for the characteristics of leaf. The results of correlations and principal components analyses showed that the parameters : Number of grains by plant ,height ,biomass , lenght and surface of tendrills ,date of levee and date of flowering , may be determinant criterias in an improving yield . The most performant genotypes expressed the highest yield in greenhouse are: Purser with 24.02 g, and Rajai torpe with 9.78 g. In field, the genotype Major kosep korai expressed a yield of 64.41 g, and the genotype Merveille de Kelvedon expressed a yield of 48.57g. Other genotypes: Asgrow; Lincoln and Surgevil expressed high yields too in both environments. These ideotypes may be utile in the programs of improvement of pea. For each environment, a specific model variety of pea was proposed to improve seed yield.

Introduction Générale

Dans le règne végétal, la famille des légumineuses occupe la deuxième place parmi les plantes à graines, avec 600 genres 13000 espèces, après les graminées. La teneur générale en protéines des graines des légumineuses est de deux à trois fois supérieure à celle des graminées (1). Elles contiennent 24 acides aminés (en particulier la lysine insuffisante dans les céréales) ; elles sont d'autre part riches en vitamines et sels minéraux. Les graines des légumineuses conservent généralement leurs propriétés biochimiques inaltérées pendant plusieurs mois, il est possible de constituer des stocks pouvant durer plus d'une année (2).Une des particularités des graines des légumineuses est de se développer rapidement dés leur imbibition, il s'agit là certainement d'un avantage adaptatif lié au climat des zones arides et semi-arides qui permet la multiplication des récoltes. Cette abondance en acides aminés et en réserves énergétiquement riches, accompagnée de possibilités de conservation prolongée a constitué un intérêt précieux pour l'alimentation humaine dés que la domestication du feu a permis la destruction des substances allélochimiques thermolabiles (3). La présence des saponines dans les graines des légumineuses facilite l'excrétion des sels biliaires et ainsi l'extraction hépatique du cholestérol sanguin, ce qui est à l'origine de la réduction de la fréquence des maladies cardiaques. Le pois (*Pisum sativum* L.) est une légumineuse qui présente une grande importance dans l'alimentation humaine en tant que source de protéines végétales capables de substituer les protéines animales, surtout dans les pays économiquement pauvres (4).

Les grains secs de pois renferment 23 à33 de protéines, 65 à 75 % de glucides. L'analyse chimique du pois montre sa richesse en éléments minéraux, vitamines et en fibres. Les sous- produits de la plante, que ce soit les fanes ou les gousses sont très riches en protéines (17.3%) et en glucides (32.4%), ce qui constitue un rôle très important dans l'alimentation du bétail (5). Les besoins accrus en azote des variétés des céréales à haut rendement ne peuvent être couverts dans les pays pauvres, dont les sols s'épuisent donc très rapidement avec les variétés nouvelles, exigeantes, des graminées. Par contre la culture de pois, dont les rendements n'augmentent pas avec un apport d'engrais azotés, leurs besoins étant satisfaits par l'activité du Rhizobium n'aggravent pas la pénurie de nitrates. Au contraire la récolte exclusive des gousses maintient l'essentiel des résidus végétaux dans ou sur le sol ; contribuant à fournir une nourriture d'appoint au bétail et à enrichir le sol en humus et en azote (6). Donc le pois constitue un bon précédent cultural pour les céréales. De plus la culture du pois permet une meilleure conservation physique du sol : d'une part leur système racinaire plus profond permettant une meilleure fixation et une tolérance à la sécheresse ; d'autre part, certaines variétés tardives servent de couverture du sol (7). Malgré ces importances, les productions et les superficies consacrées pour cette culture sont faibles en Tunisie et loin de pouvoir satisfaire les besoins du consommateur, ceci peut être du à :

- Une distribution irrégulière des pluies
- Une utilisation de variétés étrangères non adaptées aux conditions climatiques et édaphiques
- Des limitations des superficies des pois en secs; en effet la culture des pois subit une forte concurrence (8).
- Augmentation des coûts de production.
- Manque des programmes d'amélioration.

Pour satisfaire les besoins du consommateur et rendre la culture du pois plus rentable, il est nécessaire d'augmenter sa production et ce par la création de nouveaux génotypes hautement productifs et mieux adaptés aux conditions culturales précédentes (9).

Dans ce contexte, cette étude a été réalisée dans le but d'exploiter la variabilité génétique de douze variétés de petit pois, afin de déterminer des critères de sélection pour le rendement et d'identifier des génotypes pouvant être utilisés dans les programmes de sélection (10).

Chap. I. Analyse Bibliographique

1- Le pois

1-1- Origine de la plante

Le pois cultivé, *Pisum sativum* appartient à la classe des dicotylédones, à la famille des légumineuses et la sous famille des papilionacées, c'est une plante diploïde : 2n=14. Des traces évidentes d'utilisation du pois ont été retrouvées dans de nombreux vestiges, il y a 9 à 10000 ans en Anatolie en Iran, en Grèce et en Palestine, d'où l'idée que le pois serait originaire de l'Orient, de l'Inde ou de la Perse, et qu'il aurait ensuite été importé en Asie mineure et en Europe par les peuples aryens, importation très ancienne, puisque des pois ont été trouvés à l'âge de bronze en Suisse dans les cités lacustres (10). Des reste de pois datant de deux millénaires avant jésus christ ont également était découverts à Paris autour de l'arc de Carrousel au Louvre. L'antiquité grecque avec le botaniste Théophraste (300 ans avant J.C) connaissait le pois ainsi que l'antiquité latine avec Pline et Columelle. Actuellement il existe plusieurs milliers de variétés de pois dans le monde, qui résultent d'un travail important de sélections entrepris depuis plus d'un siècle. Au moyen- âge le pois constituait avec les céréales la principale ressource alimentaire pendant les fréquentes famines. Puis il fut cultivé comme légume frais, le pois devint alors une légume printanière très appréciée. Le développement des industries de la conserve et de la surgélation permit de fournir aux consommateurs ce légume cuisiné prêt à l'emploi toute l'année. De 1950 à 1975, la culture du pois fut en pleine expansion. En 25 ans, la conserverie du petit pois quintupla sa fabrication, elle atteignait 2700000 tonnes de pois et 510000 tonnes de pois carotte à l'échelle mondiale (11).

En 1973, l'embargo des Etats-Unis sur le tourteau de Soja obligea les pays de l'Union Européenne à rechercher un produit de substitution, riche en protéines. Le pois protéagineux trouva rapidement sa place. En effet de 1960 à 1980, la fabrication d'aliments du bétail augmenta considérablement, ces aliments à base de céréales doivent être complémentés en protéines traditionnellement apportées par le tourteau de Soja remplacé par le pois fourrager.

Ainsi, depuis très longtemps, le pois a été utilisé en alimentation humaine et animale sous différentes formes : plante entière, gousses, grains frais au sec, avec les différents types de pois sauvage, fourrager, potager de conserve, de casserie et protéagineux (12).

1-2- Cycle végétatif de la plante

1-2-1- La germination

La germination du petit pois est hypogée (les cotylédons restent dans le sol) sa durée est entre 15 et 25 jours. Certains facteurs peuvent empêcher la germination tels que :

*L'attaque parasitaire de la plantule, qu'on peut contrôler par enrobage des semences par un fongicide.
*Pour les semis profonds, la plante n'arrive pas à gagner la surface du sol (13).

1-2-2- La croissance végétative

Le système racinaire au début de sa croissance est infesté par les bactéries symbiotiques fixatrices d'azote, la racine réagit par la formation des nodosités qui vont croître avec la croissance racinaire jusqu'à la floraison de la plante. La racine principale du petit pois est peu développée, et se ramifie fréquemment, les racines secondaires sont assez nombreuses partant des nodosités abondantes dans les 30 premiers centimètres (14). Après la levée, l'apex de la tige principale différencie des nœuds successifs, les premiers formés sont végétatifs et peuvent donner naissance à des ramifications, puis à partir d'un nœud donné, caractéristique de la précocité, ils deviennent reproducteurs. Pour les variétés précoces, les fleurs apparaissent du cinquième au dixième nœud, pour les variétés tardives, les fleurs apparaissent entre le dixième et le cinquantième nœud. Après la floraison, on assiste à une autofécondation échelonnée sur 12 jours, qui se termine par le développement des gousses et arrêt de la croissance végétative (15).

Le petit pois est une plante annuelle, parfois cultivée comme une bisannuelle. Sa croissance est indéterminée et déterminée suivant les variétés, c'est à dire que le nombre de nœuds de la tige n'est pas fixé génétiquement mais reste sous la dépendance de facteurs externes. Les tiges sont herbacées, grêles et creuses, arrondies ou légèrement anguleuses, de hauteur variable (de 0.25 à 2 mètres) et par conséquent ont besoin d'être soutenues. Les variétés sont subdivisées en pois à rames et pois nains. La fixation des tiges et parfois recherchée pour les pois fourragers. Les feuilles sont composées, alternes et se présentent sous différentes teintes, du vert jaune au vert bleu foncé, les folioles sont entières ou plus au moins dentées, de forme ovale au elliptique, leur extrémité est arrondie, pointue ou tronquée ; leur nombre est variable, le pétiole se termine par plusieurs vrilles qui tiennent la place des dernières folioles (16). Actuellement il existe d'autres types de morphologies foliaires issues de mutations, les principaux types cultivés sont :

- les semis leafless, dont la forme afila : folioles transformées en vrilles et stipules normales.
- Les leafless : folioles transformées vrilles et stipules réduites : type Filby
- Les rogues au « oreille de lièvre » folioles et stipules allongées type : progteta.

A la base de chaque feuille figurent deux grandes stipules souvent plus amples que les folioles. Selon la variété, la face supérieure des stipules comporte plus au moins de taches blanches appelées macules, correspondant un décollement de l'épiderme (17).

1-2-3- la floraison

L'induction florale du petit pois est de jour neutre, l'apparition des fleurs est de jour long. La pollinisation se déroule dans la fleur encore fermée, donc le petit pois est une plante autogame. Pour la majorité des variétés commercialisées, on signale un degré d'auto-pollinisation élevé du à la cleistogamie, la pollinisation est complète 24 heure après l'ouverture de la fleur. Sur le stigmate, le pollen germe 8 à 12 heures après la pollinisation, et la fécondation n'aura lieu que 24 à 28 heures après (18). Les variétés précoces, sont normalement indifférentes à la longueur du jour à la vernalisation et peuvent même développer des fleurs dans des conditions d'obscurité totale ; par contre les variétés tardives répondent mieux aux conditions environnementales à savoir les jours longs qui avancent la floraison. L'exposition à la vernalisation 1 à 7°C pendant une à quatre semaines diminue le nombre des nœuds pour la première fleur. Les fleurs naissent à l'aisselle des feuilles, les pédoncules de longueur variable, comprennent, une, deux et parfois trois fleurs au plus, l'hérédité de ce caractère serait sous la dépendance de deux gènes. Elles sont blanches ou parfois violacées. La plupart des variétés utilisées comme légumes ont la fleur blanche, à l'exception des pois mangetout (19).

Tous les pois protéagineux ont aussi la fleur blanche tandis que les pois fourragers ont la fleur violette. En général les variétés à fleurs colorées ont également le grain coloré ; on les reconnaît bien avant la floraison grâce à la présence d'un petit anneau rougeâtre appelé collerette situé près de l'insertion du stipule autour de la tige.

- La formule du diagramme floral est :

5 sépales + 5 pétales + (9+1) étamines + 1 carpelle.

La fleur est caractéristique des papilionacées : zygomorphe (symétrie bilatérale), pentamère, hermaphrodite, cyclique (verticilles successifs de pièces florales) (20).

La corolle comprend cinq pétales : l'étendard, deux ailes et la carène en position ventrale composée de deux pétales soudées.

1-2-4 la fructification

Suite à la fécondation, la fleur se développe en une gousse de longueur variable entre 6 et 8 cm et contient 4 à 12 graines. La couleur des gousses varie du vert jaunâtre au vert foncé, elles peuvent être, tronquées ou pointues, arquées ou droites .Les gousses se présentent soit à l'état isolé (caractère monocosse), ou par deux (caractère bicosse) et parfois même par trois.

La croissance de la gousse se fait d'abord en longueur puis en largeur, ensuite en épaisseur. Les gousses atteignent leur maximum de poids frais avant que les semences débutent l'accumulation des resserves. Les graines de petit pois sont riches en protéines qui s'accumulent au cours de leur développement, à la maturité des graines, les quantités relatives des protéines changent. Les températures moyennement élevées accélèrent la maturation des graines, nuisent leur qualité et provoquent l'éclatement prématuré des gousses. Par ailleurs plus la température est élevée, plus le rendement d'une culture de pois diminue (21).

1-2-5- La récolte

La récolte des gousses représente l'opération la plus onéreuse de la production. Trois cas peuvent se présenter :

- <u>i /Récolte en vue de l'approvisionnement des marchés urbains :</u>
- la cueillette est exécutée manuellement par trois ou quatre passages successifs, car il est important de récolter les gousses alors qu'elles sont juste à point.
- Les gousses ainsi obtenues sont mises immédiatement en sacs afin de conserver leur qualité.
-

<u>i i/ Récolte en vue de l'approvisionnement des conserveries :</u>
- Les procédés utilisés sont le fauchage et le battage par une batteuse mobile. La mécanisation diminue la qualité des pois cueillis par rapport aux pois récoltés à la main.

-

<u>i i i / Récolte pour la production de grains secs :</u>
- Les graines de pois sont laissées jusqu'à maturité physiologique à une teneur en eau voisine de 14%.
- La récolte consiste à arracher les plantes, les mettre en andins, puis procéder au battage des plantes ainsi desséchées (22)

1-3- Les exigences du pois
1-3-1- Le climat favorable

La sécheresse est funeste aux pois qui préfèrent un climat tempéré et humide. Les pois aiment l'air et la lumière, ils ne vivent pas à l'ombre, ils ne supportent pas également les basses températures. En Tunisie les pois réussissent bien au nord du pays (pluviométrie supérieure à 350 mm) (23).

1-3-2- Les exigences hydriques

Le pois tolère un peu à la sécheresse, et ne supporte pas les excès hygrométriques. La culture du pois peut être conduite en irrigué ou en sec dans les régions où la pluviométrie est supérieure à 350mm. Les besoins en eau sont maximales à partir de la floraison et plus spécialement lors du remplissage des gousses (24).

1-3-3- Le sol préféré

Les pois aiment les sols légers frais et sains. Dans les sols calcaires, ils végètent misérablement et leurs grains durcissent. Dans les sols argileux, ils résistent mal aux gelées tardives et ils pourrissent. Les sols peu légers qui se réchauffent vite assurent leur précocité, les sols silico-argileux et argilo-calcaire assurent les meilleurs rendements. Le pH du sol convenable est de l'ordre de 6 à 6.6 (24).

1-3-4- L'époque des semis

Les cultures en pleine terre commencent le 15 février, avec un semis précoce en lieu abrité, et elles se poursuivent par des semis successifs faits de mois en mois jusqu'en fin mai pour échelonner en conséquence les récoltes. Les semis cessent généralement en fin mai, début juin, car les mois de juillet et août ne sont pas favorables à la végétation des pois (25).

1-3-5- Préparation du sol

En vue de la culture des pois, il est nécessaire d'ameublir, et aérer soigneusement la terre par un labour de 0.20 m à 0.35m de profondeur pour faciliter le développement des microorganismes dans le sol dont le rôle est essentiel dans l'alimentation azotée des pois (25).

1-3-6- La fumure

L'apport d'engrais azotés soit sous forme de fumier, soit sous forme d'engrais de commerce n'est pas nécessaire. Les meilleurs résultats ont été obtenus avec les proportions suivantes :

* Pois consommé en vert :

- 20T/ha de fumier bien décomposé
- 20 unités d'N/ha au semis
- 64 unités d'acide phosphorique /Ha
- 120 unités de K 20/Ha
-

Ce qui correspond à un ordre de grandeur de l'équilibre minéral : 1- (N) ; 3.2 (P); 6- (K)

* Pois de conserve :

- 25T/ha de fumier bien décomposé
- 20 unités d'N/ha au semis
- 80 unités P2O5 /Ha
- 120 de K 20/Ha

Ce qui correspond à l'équilibre minéral : 1-4-6 (25).

1-3-7- les soins culturaux

Les soins à donner aux pois présentent quelques analogies avec ceux à donner aux haricots.

10 jours après la levée des graines, soit 30 à 40 jours environ après le semis, on donne un binage qui aère le sol et hâte la végétation, 20 jours plus tard, on donne un second binage qui maintient la fraîcheur au pied et renforce la végétation, on profite de ce binage pour butter légèrement la base des tiges.

Le pincement du sommet des tiges de pois a un triple but :

1) Hâter la maturité des gousses.
2) Accroître la grosseur des gousses
3) Augmenter la résistance des tiges.

Le pincement consiste à couper avec les ongles l'extrémité des tiges. En grande culture, cette opération s'effectue avec une faucille. Il ne faut pas craindre d'arroser copieusement les pois, les arrosages favorisent le développement des gousses en nombre, grosseur et qualité (26).

1-4-La résistance aux maladies

De nombreuses maladies d'origines cryptogamiques (Anthracnose, oïdium, mildiou, Fusariose), virale (Mosaïque commune, mosaïque, énation, jaunisse apicale, pea seed borne mosaïc) ou bactérienne (graisse) se rencontrent dans les cultures de pois, elles provoquent des irrégularités de rendement, des hétérogénéités de maturité et des baisses de qualité. De nombreux travaux ont été entrepris pour introduire des résistances génétiques aux maladies (26).

1-4-1- Anthracnose

De nouvelles résistances à ces races ont été alors été trouvées notamment chez les variétés : Merveille de Kelvedon et Gullivert. Ainsi en combinant ces sources de résistance, il fut possible d'obtenir une résistance totale à toutes les races d'Ascochyta pisi. Cette résistance est stable. Actuellement, on peut seulement espérer sélectionner pour une moindre sensibilité (27).

1-4-2 Oïdium

L'oïdium, causé par Erysiphe polygoni, se rencontre surtout dans ces cultures maraîchères et les pépinières. Il est vraisemblable que cette maladie se développera en liaison avec l'intensification des cultures de pois protéagineux. L'oïdium est désigné par un feutrage blanchâtre sur feuilles et rameaux. L'oïdium cause des dégâts considérables, il peut entraîner une réduction de 50% du rendement (27).

1-4-3- Le mildiou

Le mildiou provoqué par Péronospora vicia apparaît quand le climat est froid et humide. Il est caractérisé par des tâches jaunâtres sur les feuilles et duvet blanc puis violacé à leur face inférieure. Quelques cultivars sont résistants dans les conditions de Tasmanie. Une légère sensibilité de quelques variétés. Les variétés : Cobri, Starnain, Starcovert, Clause 50 présentent une résistance contrôlée par un simple gène récessif. Cette résistance est du type hypersensibilité. Des études effectuées en Allemagne montrent que ce gène confère la résistance à 6 races physiologiques sur 7 existant dans ce pays (28).

1-4-4- Jaunisse apicale

Cette maladie encore appelée Top Yellow est causée par le Pea leafroll virus (PLRV) (syn . Bean leafroll virus). Les symptômes consistent en un rabourgissement et un jaunissement des feuilles de la partie terminale des plantes. La résistance est contrôlée par un gène récessif (28).

1-4-5- Brunissement précoce

Cette virose peut apparaître dans le nord de l'Europe principalement en Grande Bretagne et Pays bas. Elle peut être transmise par les nématodes dans des terrains sablonneux. Un flétrissement et des nécroses de nervures apparaissent sur une partie du feuillage. Des gousses flétrissent également est présentent de taches brunes entourées d'un halo Brun foncé (28).

2- Critères de sélection et composantes du rendement

Les travaux de sélection du petit pois sont multiples et visent à résoudre certains problèmes qui limitent le développement de cultures, et à améliorer la qualité de la production. Les sélections effectuées sur le petit pois portent sur :

Les caractères d'adaptations à la transformation : à savoir

- Une bonne qualité des gousses pour la conserverie
- La précocité
- La résistance aux maladies et aux aléas climatiques.
- Une récolte groupée, et ce par la création de variétés à maturité groupée, facilitant ainsi la récolte mécanique.

- Un rendement élevé via la création de variétés à haut potentiel génétique (30).

<u>Les caractères de qualité nutritionnelle</u> : les variétés doivent assurer un rapport suffisant de protéines, de fibres cellulosiques, de vitamines et de sels minéraux. Les pois cassés et décortiqués sont plus digestibles que les pois secs et de ce fait, bien que leur pourcentage d'unités nutritives soit légèrement inférieur à celui des pois secs entiers, ils sont plus nourrissants. Les grains de pois contiennent diverses substances protéiques : telles que vicilline, légumine, légumiline, protéose, conglutine vitelline, elles renferment aussi de la lécithine, de la choléstérine, une substance grasse avec acide oléique et palmitique, des alcaloïdes tels que la trigonelline et la choline, du saccharose, de la galactone, de l'acide citrique, des diastases, entre autre de la lactolase. Les cendres de la plante complète contiennent 8 à 12% et parfois jusqu'à 40 % de potasse, 20 à 30 % de chaux. Les « pois verts » mangés crus sont antiscorbutiques (30). Le pois ne renferme pratiquement pas de substances anti-nutritionnelles, seules quelques variétés présentent des facteurs antitrypsiques, mais en quantité beaucoup moins importante que le Soja. Les variétés de printemps présentent en général une activité antitrypsique inférieure à 58 UTI/mg /MS. La plupart des variétés d'hiver ont une activité comprise entre 6 et 15. L'étude génétique des descendances du croisement effectué entre Finale, pois de printemps et Frimas, pois d'hiver révèle la possibilité de sélectionner des lignées de pois d'hiver à faible teneur en substances antitrypsiques.

Un gène majeur récessif conditionne les faibles activités antitrypsiques inférieures à 6UT/mg/MS (30).

2-1- Importance des composantes du rendement

L'augmentation du rendement est le but de tout programme de sélection, la détermination des principales composantes du rendement facilite ces travaux permettant ainsi de :

- Identifier le ou les caractères qui peuvent être fixés au niveau des géniteurs précoces pour sélectionner pour le rendement (31).

- Déterminer les critères phénologiques qui puissent aider le sélectionneur à identifier les génotypes très productifs. Des critères phénologiques de sélection peuvent aider l'améliorateur à identifier les génotypes hautement productifs. Les sélectionneurs ne doivent pas négliger ces critères mais ils doivent prendre en considération les corrélations existantes entre ces différentes caractéristiques avec les composantes du rendement (18).

Pour le pois, il existe une large variabilité génétique pour tous les caractères : nombre de branches, hauteur de la plante, nombre de gousses par plante, surface foliaire, nombre de fleurs, de grains par gousse et grosseur des grains. Pour augmenter la production, on peut penser qu'il suffit d'augmenter les composantes du rendement, mais lorsque les croisements sont effectués pour améliorer ces caractères et les combiner, les rendements diminuent (31).

Pour identifier les principales composantes du rendement, la variabilité génétique du rendement, en utilisant une collection large de variétés de pois a été étudié. La régression multiple progressive a permis de hiérarchiser les caractères selon leur importance .Parmi ces caractères on distingue : la hauteur de la plante, la surface foliaire, le poids de 100 grains et le nombre de ramifications. Cependant, leurs coefficients de corrélation avec le rendement ont été faibles et souvent négatifs. Seuls le poids de 100 grains le nombre de gousses par plante, l'indice de récolte et le nombre de ramifications à la base de la plante sont corrélés positivement avec le rendement. Ainsi, plus on augmente le niveau des différents caractères, plus on accroît la compétition entre plantes, et plus on diminue le rendement (19). Pour les pois de printemps, il convient de réduire la hauteur, la surface foliaire, le nombre des gousses par plante, seuls le nombre de ramifications à la base de la plante et le poids de 100 grains peuvent être augmentés. Une analyse similaire effectuée avec les pois d'hiver révèle également que la surface foliaire doit être réduite, mais les variétés peuvent être plus hautes et la grosseur des grains semble avoir moins d'importance. Ces analyses révèlent qu'il est nécessaire de réduire la plus part des facteurs du rendement, excepté le poids de 100 grains, suivant le concept de réduction de la production de biomasse, pour augmenter le rendement en grains secs (32). Ces associations entre les caractères ont été étudiés en utilisant la lentille, en utilisant les caractères phénologiques, tels que la longueur de la zone fructifère, nombre total de nœuds, nombre de branches par plante et la hauteur de la plante, ils ont trouvé que la hauteur de la plante est significativement corrélée avec la longueur de la zone fructifère et le nombre total de nœuds. La longueur de la zone fructifère est positivement associée avec le nombre total de nœuds et le nombre des nœuds fructifères. Donc en se basant sur la corrélation entre les caractères phénologiques; cette étude montre qu'il est possible de sélectionner des plantes possédant à la fois une longue zone fructifère et un nombre important de nœuds fructifères ce qui permet d'améliorer le rendement. La hauteur de la plante et le nombre de graines par gousse ont des effets directs et indirects faibles sur le rendement (15). L'analyse du coefficient de piste a montré que le nombre de gousses par plante et le poids de 100 graines sont des caractères importants dans l'étude de rendement du pois- chiche. Donc ces deux caractères peuvent être considérés comme des critères de sélection des génotypes hautement productifs (32).

2-2- contribution de la phase végétative au rendement.

2-2-1- la formation des graines

Dans le but d'étudier la relation entre le rendement et la formation des graines, des mesures de la matière sèche dans des différents organes de la plante du petit pois au cours de son développement, pour plusieurs variétés ont été effectuées. Cette étude a permis de démontrer que la capacité de translocation de la matière sèche des organes de la plante vers les graines est un facteur déterminant pour le rendement: les plantes ayant une bonne capacité de translocation fournissent les rendements les plus élevés, et inversement, celles ayant une faible capacité de translocation donnent les plus faibles rendements en grains (33).

2-2-2-Relation entre le type d'architecture de la plante et le rendement

Le stress hydrique est un facteur important qui limite la croissance et le développement des plantes, dans les milieux arides et semi arides, et par conséquent diminue le rendement. Donc la création de génotypes tolérants à la sécheresse est un objectif recherché par les agriculteurs.

La création de nouveaux génotypes avec nombres et tailles des stomates réduits; serait très intéressant pour améliorer le rendement du petit – pois (34).

2-2-3- Effet de la durée des stades phrénologique sur le rendement.

Le rendement en grains est lié au métabolisme azoté chez le pois, l'azote nécessaire à la synthèse des protéines provient en grande partie de la fixation de l'azote atmosphérique par les bactéries : *Rhizobium léguminosarum*. L'évolution de l'activité fixatrice d'azote pour différentes variétés de petit pois au cours des différents stades phénologiques a été analysée. Cette étude a montré que la durée de fixation est la même, elle commence un mois après le semis et se prolonge environ deux mois après. L'intensité de fixation évolue proportionnellement avec le rendement ; elle est variable suivant les variétés, et elle est dépendante de la précocité ou la tardiveté des stades phénologiques (7). Au stade floraison, l'azote fixé dans les variétés précoces ou tardives se trouve dans les racines, lez tiges, abondamment dans les feuilles inférieures et en très petites quantités dans les gousses.

Pendant la phase de remplissage, l'azote fixé est stocké dans les racines, les tiges, les feuilles inférieures et supérieures, les gousses et dans les graines. La quantité d'azote fixé dans les graines et dans les feuilles supérieures est plus importante chez les variétés précoces que chez les variétés tardives (12). Au stade maturité, la majeure partie de l'azote fixé se trouve dans les graines, les graines des variétés précoces contiennent environ le ¾ de la quantité d'azote fixé, alors que celles des variétés tardives contiennent moins que la moitié de la quantité d'azote fixé. Ainsi l'évolution de la répartition de l'azote dans les différents organes de la plante de pois au cours de son développement, montre que les variétés précoces sont plus riches en azote que celles tardives et donc plus riches en protéines (35). En effet la remobilisation de l'azote commence plus tôt et s'avère plus importante pour les variétés précoces que pour les variétés tardives. Les différences dans la remobilisation à partir des différents nœuds peuvent expliquer les différences de rendement entre les deux types de variétés Pour les variétés précoces à rendement élevé, la remobilisation s'effectue à partir de tous les nœuds de la plante lorsque la croissance est terminée, au contraire pour les lignées tardives à faibles rendement la remobilisation s'effectue principalement à partir des nœuds situés autour des premiers nœuds fertiles, alors que la croissance végétative se prolonge. Ainsi, la production de biomasse, la remobilisation et finalement le rendement en grains sont liés partiellement au métabolisme azoté (36).

2-2-4 Effet de la hauteur et conséquences sur la récolte mécanique.

La hauteur de la plante est un caractère important de sélection. Pour le pois de printemps, il convient de réduire la hauteur, mais concernant le pois d'hiver, les variétés peuvent être plus hautes. Pour dépasser les problèmes agro-économiques de la récolte traditionnelle, les variétés cultivées de petit pois doivent répondre aux exigences de la récolte mécanique. En effet, les plantes naines ou semi-naines peuvent être difficiles à récolter mécaniquement. Quand la hauteur augmente, elles deviennent sensibles à la verse et aux maladies foliaires. Une hauteur moyenne de 50 à 80 cm est donc souhaitable, d'ou la recherche des génotypes présentant ces caractéristiques s'impose (35).

2-2-5- relation entre rendement biologique et indice de récolte

Pour étudier la relation entre le rendement biologique et l'indice de récolte des mesures de la matière sèche dans la graine et dans toute la plante ont été réalisées pour plusieurs variétés.

Les mesures révèlent que lorsque la production de biomasse devient trop importante, la compétition entre les plantes augmente, le rendement en grains diminue, par la suite l'indice de récolte diminue. L'indice de récolte est une composante qui présente le plus souvent une corrélation positive avec le rendement, ainsi pour obtenir un indice de récolte satisfaisant, il convient de réduire l'appareil végétatif de la plante (37).

3- La fixation symbiotique de l'azote atmosphérique

Les légumineuses se caractérisent par leur capacité d'assimiler l'azote atmosphérique, à travers la symbiose qui s'établit entre elles et les bactéries du genre Rhizobium; elle permet la conversion de l'azote atmosphérique (N2) en azote assimilable biologiquement par les plantes, pour le petit pois c'est la bactérie *Rhizobium léguminosarum* qui est responsable de cette symbiose (38).

3-1- Le Rhizobium

3-1-1- Définition

C'est une bactérie unicellulaire, non sporulée, non photosynthétique, et généralement mobile dans le sol, cette bactérie à l'état libre ne fixe pas l'azote et ne présente pas de spécificités. La symbiose avec les légumineuses lui permet de former des nodules favorables à son développement (38).

3-1-2- Morphologie du Rhizobium

C'est une bactérie unicellulaire en forme de bâtonnet Gram négatif, de 0.5 à 3 um, lorsqu'elle infecte les racines d'une légumineuse, elle prend la forme d'un bactéroide (39).

3-1-3- Ecologie du Rhizobium

Le nombre de Rhizobium, ainsi que leur présence dans le sol est variable suivant plusieurs facteurs (présence de l'hôte, texture du sol, humidité du sol, température). Les souches de Rhizobium peuvent coexister dans le sol, pendant plusieurs années à faibles densités, en absence des légumineuses, cet équilibre est détruit en présence de l'hôte spécifique même entre les souches de biovars de la même espèce. Dans les champs du petit pois, les souches de Rhizobium *léguminosarum* b v. vicia sont 1000 fois plus élevées que Rhizobium *leguminosarum phaseoli*. Les Rhizobium se développent mieux dans les sols de texture grossière, et à des températures de 28 à 31°. Leur développement est assuré dans le sol par des teneurs suffisantes en phosphore, potassium, fer et calcium, suivant le développement des Rhizobium est affecté en outre par des facteurs biotiques (Parasitisme, antibiose, compétition) (40).

3-1-4- Notion d'infectivité et d'effectivité

La souche de Rhizobium est dite infective lorsqu'elle est apte à pénétrer dans les racines et former des nodules qui peuvent au non fixer l'azote. La souche est dite effective si elle est capable de fixer l'azote atmosphérique une fois installée dans les nodules.

3-2- La symbiose Rhizobium-légumineuse

La symbiose Rhizobium - légumineuse passe par plusieurs étapes contrôlées par des mécanismes biologiques et biochimiques (41).

3-2-1 Infection des racines et formation des nodules chez les légumineuses

La plante commence par sécréter des flavonoïdes qui stimulent sélectivement, et à très faibles concentrations, les gènes Nod D des Rhizobium, dans le sol les gènes Nod D ainsi stimulés, produisent des signaux bactériens extracellulaires dits facteurs Nod (lipo-chito-oligosaccharides (LCO) diffusibles. Ces facteurs assurent la spécificité de la reconnaissance entre Rhizobium et plante légumineuse. En plus de ce dialogue moléculaire la plante produit des glycoprotéines. « des lectines » qui se fixent spécifiquement sur les sucres présents à la surface des racines, permettant ainsi l'adhésion des Rhizobium sur celles-ci (41).

Cette adhésion est suivie de l'élaboration du « Cordon d'infection » ; c'est un conduit où prolifèrent les Rhizobium formant une chaîne linéaire de cellules. La formation du cordon d'infection déclenche l'expression des gènes et la production de protéines : les nodules responsables de la formation des nodosités ou nodules par différenciation cellulaire (42).

3-2-2- Spécificité de l'interaction Rhizobium légumineuse

La spécificité des l'interaction légumineuse – Rhizobium se situe à trois niveaux :

La sécrétion de substances chimiques (flavonoïdes, betaïnes) par la plante qui activent les protéines Nod D de la bactérie. Ces protéines vont induire l'expression des gènes de nodulation (gène nod, gènes. h s n, etc...). La variation de la structure des facteurs Nod (des lipo – chito – Oligosaccharides formés de 3 à 5 unités de N-decyl-glucosamine, d'une petite molécule de chitine et d'un acide gras), qui jouent le rôle de molécules médiatrices de la reconnaissance bactérie légumineuse hôte et de l'organogenèse nodulaire (43).

3-2-3- Les gènes de nodulation

Ce sont les gènes bactériens nod qui sont responsables de la nodulation, on distingue trois types de gènes :

Les gènes nod commun (gènes nod ABC), qui sont des gènes communs à toutes les espèces de Rhizobium, et déterminent la synthèse du squelette acetyl-gluco-saccharidique commun à tous les facteurs Nod.

Les gènes nod D : dont les produits réagissent spécifiquement avec les flavonoides et activent la transcription des autres gènes.

Les gènes h s n : responsables de la spécificité pour la nodulation d'une espèce donnée de la plante hôte. Ces gènes déterminent la synthèse ou le transfert sur le squelette oligo-saccharidique des groupements chimiques qui substituent les glucosamines terminales des facteurs Nod (43).

3-2-4- Processus de la réduction de l'azote atmosphérique

3-2-4-1 Réaction globale

La réduction de l'azote atmosphérique est catalysée par une enzyme : la nitrogénase suivant la réaction suivante :

- $N_2 + 8H^+ + 8e^- \longrightarrow 2NH_3 + H_2$

Cette réaction nécessite la présence d'un donneur d'électrons (Des produits de fermentation des sucres et des produits découlant du cycle de Krebs), la présence de l'ATP et d'ions Mg^{2+} (45).

3-2-4-2- La nitrogénase

La nitrogénase, enzyme de réduction du diazote N_2 est en fait un complexe enzymatique formé de deux métalloprotéines :

- La dinitrogénase (PI), ou protéine molybdoferrique, elle est le site de réduction de l'azote.

- La dinitrogénase – réductase (PII), c'est une ferroproteine qui fournit les électrons à la dinitrogénase (46)

3-2-4-3- La léghemoglobine

C'est une protéine de couleur rouge, semblable à l'hémoglobine animale, avec un poids moléculaire quatre fois inférieur à l'hémoglobine humaine. Elle est synthétisée par la plante et par le Rhizobium lorsqu'il y a symbiose. La partie globine est synthétisée par la plante, la partie hème est synthétisée par le Rhizobium.

La lèghémoglobine maintient un taux faible et constant d'oxygène dans les nodules nécessaire au Rhizobium aérobies (47).

3-2-4-4- Mécanisme de réduction de l'Azote

La dinitrogénase – réductase accepte un électron d'un donneur d'électron à bas potentiel d'oxydoréduction (flavodoxine ou ferrédoxine), et se complexe ainsi avec 0.4 à 2 molécules de Mg-ATP, la protéine devient alors très réductrice ce qui permet le transfert des électrons à la dinitrogénase. Une fois la dinitrogènase est suffisamment réduite, le diazote est réduit en azote ammoniacal NH3, qui ainsi formé, sera incorporé dans le glutamate, puis achemine des voies métaboliques diverses (47).

Au cours de cette réaction il y a libération des molécules de Mg – ADP et de phosphate :

$$N_2 + 16\ ATP + 8\ e^- + 8\ H^+ \xrightarrow{Mg^{2+}} 2NH_3 + 16\ ADP + 16\ Pi + H_2$$

(47)

4-Etude des polymorphismes morphoagronomiques et biochimiques

4-1- Les paramètres morpho-agronomiques

Les variétés de petit pois se singularisent par de nombreux caractères dont la plupart ont une incidence directe sur la culture et la destination commerciale, les principaux caractères sont les suivants :

4-1-1- Le type du grain et sa couleur

*Le pois lisse présente une semence bien ronde. Il produit un grain fin dont la teneur en amidon est élevée (42 à 49%). Ce qui lui confère une saveur légèrement farineuse ; sa richesse en amidon permet une reprise en eau au cours de la stérilisation, et par conséquent un bon rendement industriel (46).

*Le pois ridé produit des grains de plus gros calibre présentant des flètrissements à l'état sec. Sa teneur en amidon est plus faible que celle du lisse (20 à 35 %), et sa nature différente, ce qui lui donne une texture moins farineuse et un goût plus sucré. La plus forte proportion d'amylose du pois ridé accroît par ailleurs sa capacité de rétention d'eau, d'où un démarrage de la déshydratation retardée par rapport au pois lisse qui explique une plus grande souplesse à la récolte (17).

Les pois lisses se montrent plus tolérants au froid et à la sécheresse, alors que les pois ridés résistent bien mieux à la chaleur.

*Le pois super ridé constitue un autre type plus pauvre en amidon, et avec un amidon plus riche en amylopectine. Actuellement, il n'existe pas de variétés commercialisées correspondant à ce dernier type.

La couleur du pois varie du jaune pâle ou vert bleu très foncé.

4-1-2- La précocité

La récolte mécanique nécessite pour les usines de transformation un investissement matériel lourd, utilisé sur une période réduite. Pour diminuer les coûts de production, il est donc important d'étendre au maximum la compagne de fabrication (47). De ce fait les industriels accordent une grande importance à la précocité lorsqu'ils choisissent leur gamme de variétés (Actuellement, les cycles végétatifs varient entre 80 et 90 jours). Les agriculteurs sont appelés à échelonner les semis en commençant par les variétés les plus précoces dans les zones semi-arides et en finissant par les variétés les plus tardives dans les zones sub-humides. Ils parviennent ainsi de manière assez constante à étaler les récoltes d'une même conserverie sur un mois et demi.

L'amélioration des races hâtives a débuté vers les années 1842, qui donne naissance au pois Prince Albert mise en commerce par la maison Cormack de Londres. Depuis cette date, l'amélioration des pois potagers a été considérable, elle est due essentiellement aux croisements des semences par les anglais qui ont cherché à obtenir la précocité de la race et l'augmentation du nombre, la grosseur et la qualité des graines (47).

L'amélioration a permis une nouvelle classification basée sur la durée de période entre le semis et la récolte dont on distingue :

*Les variétés hâtives : la période entre le semi et la récolte est de 50 à 60 jours, et les plantes présentent leurs premières fleurs à partir du huitième nœud.

*Les variétés tardives : cette période est l'ordre de 75 jours et les plantes présentent leurs premières fleurs à partir du quinzième nœud.

Dans cette optique les croisements entre pois lisses et ridés sont courants, les améliorations génétiques sont attendues mais les travaux se heurtent aux difficultés de levée caractéristiques des ridés.

4-1-3- Le port de plante

Suivant les variétés on distingue :

* Les pois nains : ayant une longueur inférieure à 0.50 m.

*les pois semi- nains : ont une hauteur variant de 0.5 à 1m et les pois à rames dont la hauteur varie entre 1m et 2m.50.

Le port des pois doit permettre de préserver les plantes dans un bon état sanitaire et de faciliter la récolte mécanique. La hauteur moyenne souhaitable varie entre 50 et 80 cm c'est le cas des pois semi-nains. Outre ce caractère, les pois demi- nains sont généralement des variétés précoces, ce qui est recherché pour la récolte mécanique.

La plante idéale (idéotype) présente aussi un port dressé, léger avec une bonne tenue de la tige. Une végétation trop feuillue, volumineuse et compacte contribue à entretenir le mildiou, le botrytis et le sclérotinia. Les gousses plaquées au sol sont alors particulièrement exposées aux maladies fongiques et difficiles à récolter (48).

4-1-4- La morphologie foliaire

Les feuilles du pois sont composées alternes et se présentent sous différentes teintes : du vert jaune au vert bleu foncé, les folioles sont entières au plus au moins dentées, leur nombre est variable, le pétiole se termine par plusieurs vrilles. La réduction de la hauteur surface foliaire a contribué à l'amélioration de la productivité et la résistance à la verse. Pour réduire la surface foliaire, plusieurs mutations ont été introduites :

Le gène « af » entraîne une réduction de 40 % de la surface foliaire, et elle est mieux répartie le long de la tige, spécialement au niveau des étages fertiles, ce qui assure une meilleure pénétration de la lumière à travers du feuillage. Les lignées de type « afila » présentent une productivité de 0 à 20 % supérieure aux lignées à feuillage normal, ainsi qu'une plus grande résistance à la verse, facilitant la récolte mécanique (48).

4-1-5- Le groupement de maturité et l'évolution de la maturation

Un bon groupement de floraison et de la maturation des grains sont recherchés de manière à récolter au maximum de gousses matures. Les semenciers sélectionnent par ailleurs des variétés présentant une maturation la plus lente possible pour garantir une certaine souplesse à la récolte. L'évolution de la maturité des pois, qui conduit au durcissement du grain, est en effet très rapide. Elle suit une courbe exponentielle. Les agriculteurs disposent donc de peu de temps pour récolter chaque champ de pois au bon stade de maturité (49).

L'indice tendérométrique optimal à la récolte se situe autour de 120 points .En moyenne, un pois prend 10 à 15 points de tendérométrie par jour. Par forte chaleur, la hausse de tendérométrie peut atteindre 20 à 30 points par jour, ce qui réduit considérablement la durée de récolte optimale.

Actuellement, selon les variétés, la période de maturité optimale dure de 2 à 4 jours. Malheureusement, la qualité des pois afila productifs s'obtient souvent au détriment de la vitesse de maturation. En effet on constate que bon nombre d'entre eux durcissent beaucoup plus rapidement que des pois feuillus, sans doute en raison de leur volume végétatif réduit. Concernant le groupement de la maturité, les sélectionneurs travaillent également à réduire l'hétérogénéité qui existe au sein de chaque plante. Les étages du bas de la plante formés les premiers fournissent en effet des pois plus durs que les étages du haut de la plante, formés plus tard ; la recherche variétale privilégie donc des pois présentant un nombre réduit d'étages mais avec plus de gousses par étage (49).

4-2- les paramètres biochimiques

Les graines de pois comme toutes les légumineuses possèdent une teneur élevée en protéines, associée au fait que ces graines présentent une composition en acides aminés complémentaire de celle des céréales. Ainsi le pois est considéré comme source de protéines tant pour l'alimentation humaine qu'animale (49).

4-2-1-Au niveau de la teneur en protéines

A l'intérieur de chaque groupe variétal correspondant aux différents types d'amidon, il existe une variabilité pour la teneur en protéines entre les variétés à graines lisses et les variétés à graines ridées. La synthèse des protéines est dépendante de plusieurs gènes récessifs. La variabilité génétique de la teneur en protéines existe de même au sein du même groupe, et elle est aussi importante que la variation due au milieu, de plus pour un même génotype, on peut observer une variation de la teneur en protéines des graines. Les globulines sont constituées principalement de deux fractions caractérisées par des coefficients de sédimentation d'environ 11 S et 7 S qui sont respectivement ; la légumine et la viciline (50).

La fraction légumine est en général quantitativement la fraction majeure .Le rapport légumine / viciline est très variable, il varie entre 0.2 et 1.5. Les échantillons à faible teneur en légumine sont principalement des variétés de pois ridés et ce sont les variétés de pois lisses qui en sont les plus riches. La fraction albumine a été moins étudiée que la fraction globuline dans le cas du pois, contrairement aux globulines qui sont constituées de protéines de réserves de la graine de pois, les albumines regroupent la plus part des protéines qui présentent une activité biologique, ainsi cette fraction est constituée d'enzymes (Lipooxygénases, uréases, amylases) de lectine (hémagglutinine) et d'inhibiteurs d'enzymes (facteurs antitrypsiques). Cependant, le rapport viciline, légumine est plus élevé pour les graines ridées que pour les graines lisses. Une valeur intermédiaire est observée pour le type « Sweet », ce rapport augmente sous l'action du milieu quand la teneur en protéines décroît, particulièrement pour les variétés à graines ridées. Pour certains génotypes la variation de la teneur en protéines des grains suivant les étages fructifères le long de la tige est faible. Par contre, d'autres génotypes présentent une diminution progressive de la teneur en protéines du premier étage fertile vers les derniers aussi bien sur la tige principale que sur les ramifications. Cette diminution pourrait être liée à une diminution de l'activité fixatrice de l'azote. Le remplissage en protéines des grains des premiers étages s'effectuerait à partir de la fixation de l'azote et de la remobilisation de l'azote des parties végétatives, tandis que les étages supérieurs ne bénéficieraient que de la remobilisation. Pour une grande homogénéité et une teneur plus élevées, il serait intéressant de sélectionner des variétés pour lesquelles la fixation de l'azote resterait efficiente pendant le remplissage des grains. La variation de la teneur en protéines dans les graines de pois se traduit par des différences importantes de composition en acides aminés entre les fractions albumines et globulines (50).

4-2-2- Au niveau de la composition en acides aminés

Les albumines présentent dans la graine de pois des teneurs élevées en lysine et en acides aminés soufrés, les globulines ont une composition caractéristique des protéines de réserves riches en acides aspartique, glutamiques et leurs amides d'une part, et en arginine d'autre part. Ces différences assez importantes en acides aminés laissent entrevoir la possibilité d'une amélioration à ce niveau grâce à la sélection récurrente (50).

Références Bibiographiques

1. Kocer A, Albayrak S: Determination of forage yield and quality of pea (*Pisum sativum*L.) mixtures with oat and barley. *Turk J Field Crops* 2012, 17:96-99.

2. Omokanye AT, Kelleher FM, McInnes A: Low-input cropping systems and nitrogen fertilizer effects on crop production: Soil nitrogen dynamics and efficiency of nitrogen use in maize crop. *American-Eurasian J Agric Environ Sci* 2011, 11:282-295.

3. Chamarthi SK, Kumar A, Voung TD, Blair MW, Gaur PM, Nguyen HT, Varshney RK: Trait mapping and molecular breeding. In *Biology and Breeding of Food Legumes*. Edited by Pratap A, Kumar J. Oxfordshire: CAB International; 2011:296-313.

4. McPhee KE: Pea. In *Genome Mapping and Molecular Breeding in Plants: Pulses, Sugar and Tuber Crops. Volume 3*. Edited by Kole C. Berlin: Springer; 2007:33-47.

5. Redden B, Leonforte T, Ford R, Croser J, Slattery J: Pea (*Pisum sativum* L.). In *Genetic Resources, Chromosome Engineering, and Crop Improvement*. Edited by Singh RJ. Florida, USA: CRC Press; 2005:49-83.

6. Kumar J, Choudhary AK, Solanki RK, Pratap AP: Towards marker-assisted selection in pulses: a review. *Plant Breed* 2011, 130:297-313.

7. Franssen SU, Shrestha RP, Bräutigam A, Bornberg-Bauer E, Weber APM: Comprehensive transcriptome analysis of the highly complex *Pisum sativum* genome using next generation sequencing. *BMC Genomics* 2011, 12:227.

8.Kaur S, Pembleton LW, Cogan NO, Savin KW, Leonforte T, Paull J, Materne M, Forster JW:Transcriptome sequencing of field pea and faba bean for discovery and validation of SSR genetic markers.*BMC Genomics* 2012, 12:265-276.

9.Jing Z, Qu Y, Yu C, Pan D, Fan Z, Chen J, Li C: QTL analysis of yield-related traits using an advanced backcross population derived from common wild rice (*Oryza rufipogon*L).*Mol Plant Breed* 2007, 1:1-10.

10.Fondevilla S, Küster H, Krajinski F, Cubero JI, Rubiales D: Identification of genes differentially expressed in a resistant reaction to *Mycosphaerella pinodes* in pea using microarray technology. *BMC Genomics* 2011, 13:12-28.

11.Collard BCY, Jahufer MZZ, Brouwer JB, Pang ECK: An introduction to markers, quantitative trait loci (QTL) mapping and marker-assisted selection for crop improvement: the basic concepts.*Euphytica* 2005, 142:169-196.

12.Timmerman-Vaughan GM, McCallum JA, Frew TJ, Weeden NF, Russell AC: Linkage mapping of quantitative traits controlling seed weight in pea (*Pisum sativum* L.).*Theor Appl Genet* 1996, 93:431-439.

13.McCallum J, Timmerman-Vaughan G, Frew TJ, Russell AC: Biochemical and genetic linkage analysis of green seed color in field pea (*Pisum sativum* L.). *J Am Soc Hort Sci* 1997, 122:218-225.

14.Weeden NF, Ellis THN, Timmerman-Vaughan GM, Swiecicki WK, Rozov SM, Berdnikov VA: A consensus linkage map for *Pisum sativum. Pisum Genet* 1998, 30:1-4.

15. Pilet-Nayel L, Muehlbauer FJ, McGee RJ, Kraft JM, Baranger A, Coyne CJ: Quantitative trait loci for partial resistance to Aphanomyces root rot in pea. *Theor Appl Genet* 2002, 106:28-39.

16. Prioul S, Frankewitz A, Deriot G, Morin G, Baranger A: Mapping of quantativie trait locie for resistance to *Mycosopharella pinodes* in pea (*Pisum sativum*), at the seedling and adult plant stage. *Theor Appl Genet* 2004, 108:1322-1344.

17. Loridon K, McPhee K, Morin J, Dubreuil P, Pilet-Nayel ML, Aubert G, Rameau C, Baranger A, Coyne C, Lejeune-Hènaut I, Burstin J: Microsatellite marker polymorphism and mapping in pea (*Pisum sativum* L.). *Theor Appl Genet* 2005, 111:1022-1031.

18. Deulvot C, Charrel H, Marty A, Jacquin F, Donnadieu C, Lejeune-Hénaut I, Burstin J, Aubert G: Highly-multiplexed SNP genotyping for genetic mapping and germplasm diversity studies in pea. *BMC Genomics* 2010, 11:468.

19. Krawczak M: Informativity assessment for biallelic single nucleotide polymorphisms. *Electrophoresis* 1999, 20:1676-1681.

20. Xing C, Schumacher FR, Xing G, Lu Q, Wang T, Elston RC: Comparison of microsatellites, single-nucleotide polymorphisms (SNPs) and composite markers derived from SNPs in linkage analysis. *BMC Genet* 2005, 6:S29.

21. Sato S, Nakamura Y, Kaneko T, Asamizu E, Kato T, Nakao M, Sasamoto S, Watanabe A, Ono A, Kawashima K, Fujishiro T: Genome structure of the legume. *Lotus japonicus DNA Res* 2008, 15:227-239.

22. Schmutz J, Cannon SB, Schlueter J, Ma J, Mitros T, Nelson W, Hyten DL, Song Q, Thelen.: Genome sequence of the palaeopolyploid soybean. *Nature* 2012, 463:178-183.

23. Varshney RK, Chen W, Li Y, Bharti AK, Saxena RK, Schlueter JA, Donoghue MT, Azam.: Draft genome sequence of pigeonpea (*Cajanus cajan*), an orphan legume crop of resource-poor farmers. *Nat Biotech* 2011, 30:83-89.

24. Ondrasek G, Rengel Z, Veres S: Soil Salinisation and Salt Stress in Crop Production. In *Abiotic Stress in Plants - Mechanisms and Adaptations* Edited by Shanker A. ISBN: 978-953-307-394-1, InTech, doi:10.5772/22248.

25. Nuttall JG, Hobson KB, Materne M, Moody DB, Munns R, Armstrong RD: Use of genetic tolerance in grain crops to overcome subsoil constraints in alkaline cropping soils. *Soil Research* 2009, 48:188-199.

26. Rengasamy P: Transient salinity and subsoil constraints to dryland farming in Australian sodic soils: an overview. *Aust J Exp Agr* 2002, 42:351-361.

27. Rengasamy P: World salinization with emphasis on Australia. *J Exp Bot* 2006, 57:1017-1023.

28. Kabir AH, Paltridge NG, Able AJ, Paull JG, Stangoulis JC: Natural variation for Fe-efficiency is associated with upregulation of Strategy I mechanisms and enhanced citrate and ethylene synthesis in *Pisum sativum* L. *Planta* 2012, 235:1409-1419.

29. Bagheri A, Paull JG, Rathjen AJ: The response of *Pisum sativum* L. germplasm to high concentrations of soil boron. *Euphytica* 1994, 75:9-17.

30. Bagheri A, Paull JG, Rathjen AJ: Genetics of tolerance to high concentrations of soil boron in peas (*Pisum sativum* L.). *Euphytica* 1996, 87:69-75.

31. Leonforte A, Noy D, Redden R, Enneking D: Improving boron and salinity tolerance in field pea (*Pisum sativum* L.). In *Proceedings of the 14th Australasian Plant Breeding (APB) Conference and 11th Society for the Advancement of Breeding Researches in Asia and Oceania (SABRAO) Conference 2009*. Queensland, Australia: Cairns; 2009.

32. Maas EV: Salt tolerance of plants. *Applied Agric Res* 1986, 1:12-26.

33. Saxena NP, Saxena MC, Ruckenbauer P, Rana RS, El-Fouly MM, Shabana R: Screening techniques and sources of tolerance to salinity and mineral nutrient imbalances in cool season food legumes. *Euphytica* 1994, 73:85-93.

34. Francois LE, Maas EV: Crop response and management on salt-affected soils. In *Handbook of plant and crop stress*. Edited by Pessarakli M. New York: Marcel Dekker; 1994:149-181.

35. Steppuhn H, Volkmar KM, Miller PR: Comparing canola, field pea, dry bean, and durum wheat crops grown in saline media. *Crop Sci* 2001, 41:1827-1833.

36. Dua RP, Sharma SK, Mishra B: Response of broad bean (*Vicia faba*) and pea (*Pisum sativum*) varieties to salinity. *Indian J Agr Sci* 1989, 59:729-731.

37. Hernandez JA, Jimenez A, Mullineaux P, Sevilla F: Tolerance of pea (*Pisum sativum* L.) to long-term salt stress is associated with induction antioxidant defences. *Plant Cell Environ* 2000, 23:853-862.

38. El-Hamdaoui A, Redondo-Nieto M, Rivilla R, Bonilla I, Bolaños L: Effects of boron and calcium nutrition on the establishment of the *Rhizobium leguminosarum* – pea (*Pisum sativum*) symbiosis and nodule development under salt stress. *Plant Cell Environ* 2003, 26:1003-1011.

39. Gomez JM, Jiménez A, Olmos E, Sevilla F: Location and effects of long-term NaCl stress on superoxide dismutase and ascorbate peroxidase isoenzymes of pea (*Pisum sativum* cv. Puget) chloroplasts. *J Exp Bot* 2004, 55:119-130.

40. Leonforte A, Forster JW, Redden RJ, Nicolas ME, Salisbury PA: Sources of high tolerance to salinity in pea (*Pisum sativum* L.). *Euphytica* 2013, 189:203-216.

41. Cordovilla MP, Ligero F, Lluch C: Influence of host genotypes on growth, symbiotic performance and nitrogen assimilation in faba bean (*Vicia faba* L.) under salt stress. *Plant Soil* 1995, 172:289-297.

42. Sadiki M, Rabih K: Selection of chickpea (*Cicer arietinum*) for yield and symbiotic nitrogen fixation ability under salt stress. *Agronomie* 2001, 21:659-666.

43. Maher L, Armstrong R, Connor D: Salt tolerant lentils - a possibility for the future? In*Proceedings of the 11th Australian Agronomy Conference: Feb 2003*. Geelong, Victoria: Australian Society of Agronomy; 2003:2-6.

44. Leonforte A, Noy D, Forster JW, Salisbury P: Evaluation for higher tolerance to NaCl in*Pisum sativum* L. In *Proceedings of the 5th International Research Conference*. Turkey: Anatalya; 2010.

45. Kalo P, Seres A, Taylor SA, Jakab J, Kevei Z, Kereszt A, Endre G, Ellis THN, Kiss GB: Comparative mapping between *Medicago sativa* and *Pisum sativum*. *Mol Gen Genomics* 2004, 272:235-246

46. Moreno RR: Localization and characterization of yield component quantitative trait loci (QTLs) in Recombinant Inbred Lines (RILs) of pea, *Pisum sativum* ssp. *PhD thesis*. Northern Illinois University; 2009.

47. Aubert G, Morin J, Jacque F, Loridon K, Quillet MC, Petit A, Rameau C, Lejeune-Hénaut I, Huguet T, Burstin J: Functional mapping in pea, as an aid to the candidate gene selection and for investigating synteny with the model legume *Medicago truncatula*.
Theor Appl Genet 2006, 112:1024-4.

48. Wojciechowski MF: Reconstructing the phylogeny of legumes (Leguminosae): an early 21st century perspective. In *Advances in Legume Systematics. part 10*. Edited by Klitgaard BB, Bruneau A. Royal Botanic Gardens, Kew: Higher Level Systematics; 2003:5-35.

49. Vershinin AV, Allnutt TR, Knox MR, Ambrose MJ, Ellis THN: Transposable elements reveal the impact of introgression, rather than rransposition, in *Pisum* diversity, evolution, and domestication. *Mol Biol Evol* 2003, 20:2067-2075

50. Saxena RK, Penmetsa RV, Upadhyaya HD, Kumar A, Carrasquilla-Garcia N, Schlueter JA, Farmer A, Whaley AM, Sarma BK, May GD, Cook DR, Varshney RK: Large-scale development of cost-effective single-nucleotide polymorphism marker assays for genetic mapping in pigeonpea and comparative mapping in legumes. *DNA Res* 2012, 19:449-461.

Chap.II. Comportement agronomique d'une collection de pois *Pisum sativum* L.

Résumé

Douze génotypes de pois (Asgrow, Jumbo, Lincoln, Merveille de Kelvedon, Purser, Rajai Torpe, Snajor Kosep Korai, Wando, Rondo, génotype local, Major Kosep Korai et Surgevil) ont été étudiés pour leur résistance aux maladies (Oïdium, mildiou, anthracnose, brunissement, jaunisse apicale) et leurs performances agronomiques (matières fraîches: racines, partie aérienne, nombre de branches fructifères/plante, nombre de fleurs/plante, nombre de gousses/plante, nombre de grains/gousse et rendements en grains/plante). La culture a été faite dans un milieu contrôlé (serre plastique) sur tourbe noire durant 5,5 mois (octobre à avril). Les résultats obtenus montrent que seul le génotype Purser est résistant à toutes les maladies et que le génotype Surgevil est sensible uniquement à la jaunisse apicale. Par contre, le génotype local est sensible aux trois maladies les plus fréquentes (Oïdium, Mildiou et Anthracnose). En ce qui concerne la croissance végétative, c'est le génotype Asgrow qui a synthétisé le plus de matière fraîche, deux fois plus que la matière fraîche synthétisée par le génotype Purser. Toutefois, le rendement élevé en matière fraîche ne contribue pas à un taux de nouaison élevé. En effet, seuls les génotypes ayant donné un rendement faible en matière fraîche (Snajor Kosep Korai, Asgrow, Major Kosep Korai, Rajai Torpe et Purser) ont eu le taux de nouaison le plus élevé, supérieur à 30%. Chez ce groupe, le bon rendement le plus élevé (> 9 g/plante) résulte du nombre de gousses/ plante (7,5 à 21,6) et du nombre de grains/gousse (2,8 à 4,92). De cette collection, le génotype Purser peut être retenu en raison de sa résistance à toutes les maladies et à ses bonnes performances agronomiques au profit des agriculteurs ou des programmes d'amélioration génétique.

Summary

Agronomical Behaviour of a Pea Collection *Pisum sativum* L.

This experience was achieved under greenhouse conditions. Twelve genotypes of pea were used (Asgrow, Jumbo, Lincoln, Merveille de Kelvedon, Purser, Rajai Torpe, Snajor Kosep, Korai,Wando, Rondo, local genotype, Major Kosep Korai and Surgevil). They were cultivated on peat during 5.5 months (from October to April). Some agronomical parameters were studied: resistance to diseases, (Powdery-mildew, mildew, top yellow virus, anthracnose, browning), fresh matter, number of branches/plant, number of flowers/plant, number of pods/ plant and the yield of grains /plant. Results showed that only the genotype Purser is resistant to all diseases and Surgevil is sensitive only to the Top Yellow virus. The local genotype is sensitive to three frequent diseases (Powdery-mildew, mildew and Anthracnose). With regard to vegetative growth, the highest yield of fresh matter do not contribute towards a high fertility rate. In fact, only the genotypes having a weak yield of fresh matter (Snajor Kosep Korai, Asgrow, Major Kosep Korai, Rajai Torpe and Purser) have the most important rate of fertility (> 30%). Within this group, the most important yield (> 9 g/plant) is a result of high: number of pods/plant (7.5 to 21.6) and of grains/pod (2.8 to 4.92). Finally, genotype Purser should be retained for farmers and programs of genetic amelioration for its resistance to diseases and agronomical performances.

Introduction

Le pois (*Pisum sativum* L.) est une légumineuse à graines originaire du Moyen Orient (9). Il est consommé à l'état frais, appertisé ou surgelé. Le pois est riche en fibres cellulosiques et en protéines (5 g et 4,4 g/100 g de matière fraîche respectivement). C'est également une source non négligeable de minéraux (notamment calcium, magnésium et fer) et de vitamines (C, PP, A) (17). Elle convient bien en tête d'assolement (8), elle augmente la fertilité des sols et lutte contre l'érosion (12). La culture est très développée en Europe principalement en France où elle s'étale sur une superficie de 750.000 ha (7, 11). En Tunisie, les superficies consacrées à la culture du pois ne représentent que 6.000 ha avec un rendement de 9 t / ha. Les dates de semis s'étalent du 15 novembre au 15 décembre à une densité de

60 plants/m^2. La variété Victor est la plus cultivée en raison de sa bonne productivité (16). Cependant, la culture est exposée à plusieurs contraintes, telles que les maladies cryptogamiques (oïdium et mildiou particulièrement), la verse, la sécheresse, l'abscission des fleurs et l'avortement des gousses (2, 10). Ainsi, pour améliorer le rendement du pois, une collection de douze génotypes de pois a été étudiée en vue de choisir les génotypes les plus performants au niveau de la résistance aux maladies et la production. L'essai a été conduit à Chott- Mariem, Sousse (région côtière du Sahel).

Matériel et méthodes

Le matériel végétal se compose de douze génotypes de pois d'origines diverses (Tableau 1). L'essai a été réalisé à l'Ecole Supérieure d'Horticulture de Chott-Mariem (Tunisie) sous serre. Les graines des douze génotypes ont été semées le 17 octobre dans des pots en plastique de
24 cm de diamètre sur des tablettes à une hauteur de 50 cm au-dessus du sol. La culture est irriguée une fois par semaine à raison de 0,5 l/j. L'essai a été réalisé selon un dispositif aléatoire complet formé de quatre blocs, chaque bloc comporte les douze génotypes à raison de deux pots par génotype (une plante/pot). Les paramètres mesurés sont les matières fraîche et sèche de la partie aérienne et des racines, la longueur des racines, la longueur totale des vrilles, la hauteur de la tige principale, le nombre de branches/plante, le nombre de fleurs/plante, le nombre de gousses/plante, le nombre de grains/plante, le nombre de grains/gousse, le taux de nouaison de la plante (nombre de gousses/nombre de fleurs) et le rendement en grains /plante.

L'analyse de variance des données relatives aux paramètres précités a été effectuée par la procédure proc GLM du SAS (1997) avec l'option ls means. La comparaison des moyennes ajustées (moyennes des moindres carrés) des différents paramètres a été effectuée selon la procédure de la Plus Petite Différence Significative (PPDS). L'estimation des relations entre les paramètres a été effectuée par la matrice des coefficients de corrélation simples à la base de (12 x 20) observations par site. La procédure proc corr du SAS a été utilisée.

Résultats

1. Observations

Des observations sur l'état sanitaire de la plante du pois durant la période de culture de 5,5 mois (du 17 octobre au 6 avril). Selon le tableau ci-dessous, on a noté les symptômes de trois champignons sur les plantes, l'oïdium (Erysiphe polygoni), le mildiou (Peronospora pisi) et l'anthracnose (Ascochyta pisi); une virose: la jaunisse apicale (Pea leafroll Virus). La résistance à toutes ces maladies est observée chez le génotype 5.

Tableau 1: Les génotypes de pois utilisés et leurs origines

Génotypes	Variétés	Origines
1	Asgrow	Etat-Unis
2	Jumbo	Allemagne
3	Lincoln	France
4	Merveille de Kelvedon	Pays-Bas
5	Purser	Pays-Bas
6	Rajai Torpe	Inconnue
7	Rondo	France
8	Snajor Kosep Korai	Inconnue
9	Wando	Grande-Bretagne
10	Génotype local	Population locale
11	Major Kosep Korai	Inconnue
12	Surgevil	France

Tableau : Sensibilité des génotypes à certaines maladies

Génotypes	Oïdium	Mildiou	Anthracnose	Jaunisse apicale	Brunissement
Asgrow	LS	S	R	R	R
Jumbo	S	R	MS	S	R
Lincoln	S	S	R	R	R
Merveille de Kelvedon	S	S	R	R	R
Purser	R	R	R	R	R
Rajai Torpe	S	LS	MS	R	R
Rondo	LS	LS	MS	R	S
Snajor Kosep Korai	LS	LS	MS	R	R
Wando	S	LS	R	R	R
Variété locale	S	LS	LS	R	R
Major Kosep Korai	S	S	R	S	R
Surgevil	R	R	R	S	R

S= sensible, LS= légèrement sensible, MS= moyennement sensible, R= résistant. uniquement chez un seul génotype: le génotype Purser.

Toutefois, le génotype Surgevil est seulement sensible à la jaunisse apicale. Le génotype local ne montre aucune résistance aux trois champignons, fréquents chez la culture de pois en Tunisie (Fig.1).

Figure 1 : Disposition des génotypes sous serre

2. Croissance végétative

2.1. Matière fraîche de la plante

La matière fraîche de la plante entière est évaluée à la fin de la récolte de toutes les gousses (Figure 1). La matière fraîche de toute la plante (racines, tiges, vrilles, gousses et folioles) varie de 17,93 g (génotype Purser) à 41,23 g (génotype Asgrow). Les différences entre les douze génotypes sont hautement significatives. En effet, l'ensemble de génotypes peut être classé en deux groupes: chez le premier groupe formé par deux génotypes (Puser et Rajai Torpe) où la biomasse fraîche est inférieure à 20 g/plante, et chez le deuxième groupe formé par le reste des génotypes, la valeur de la biomasse fraîche est comprise entre 20 et 41 g/plante.

2.2. Poids frais et longueur des racines par plante

Le poids frais des racines de la plante de pois a varié de 2,5 g/plante (génotype Rajai Torpe) à 22 g/plante (génotype Surgevil) (Figure 2). Entre les 12 génotypes, il y a une différence hautement significative. Quant à la longueur de la racine principale, c'est le génotype local qui a donné la plus longue racine (42 cm) et le génotype Purser a donné la plus courte racine (17 cm) (Figure 3). Les différences de poids frais et de longueur entre les différents génotypes sont hautement significatives.

2.3. Longueur des vrilles par plante

La figure 4 montre que les 12 génotypes peuvent être classés en 3 groupes, les génotypes ayant les plus longues vrilles, supérieures à 400 cm: le génotype Purser et le génotype local, 433 cm et 586 cm respectivement; les génotypes ayant les plus courtes vrilles: inférieures à 200 cm sont les génotypes Jumbo, Rajai Torpe et Wando. Pour les génotypes du groupe intermédiaire, les longueurs des vrilles sont comprises entre 200 et 400 cm: génotyes Asgrow, Lincoln, Merveille de Kelvedon, Snajor Kosep Korai, Major Kosep Korai et Surgevil.

Il est à signaler que les différences entre les génotypes sont hautement significatives.

2.4. Hauteur de la tige principale

La hauteur de la tige principale, est mesurée à la fin de la récolte de toutes les gousses dont les grains ont atteint leur maturité physiologique (grain sec). La mesure est faite à partir du collet de la plante. Selon la figure 5, la hauteur de la tige principale de la majorité des génotypes est comprise entre 60 et 100 cm. En dehors de cet intervalle, le génotype Rajai Torpe est le plus court (53, 81 cm), tandis que le génotype local est le plus long (105 cm). Les analyses statistiques ont montré que les différences de hauteur entre les génotypes sont significatives.

3. Floraison de la plante

3.1. Période semis - floraison

La période semis-floraison représente la période comprise entre la date de semis des graines et la date où 50% des fleurs sont épanouies. D'après la figure 6, la plante du pois met 58 (génotype Rajai Torpe) à 86 jours (génotype Linclon) pour produire la moitié de ses fleurs. En effet, les génotypes ayant une floraison précoce sont Rajai Torpe (58 jours), Major Kosep Korai (59 jours) et Snajor Kosep Korai (63 jours). Les génotypes ayant une floraison tardive sont Lincoln (86 jours), Purser (81 jours) et Rondo (80 jours). Le reste des génotypes de cette collection ont une floraison intermédiaire. L'analyse de la variance relative au nombre de jours entre le semis et la floraison a montré que les douze génotypes se diffèrent significativement entre eux.

3.2. Nombre de fleurs par plante

Le nombre de fleurs produites par une même plante est de 11 à 41,39 fleurs. Selon ce critère, l'ensemble de génotypes peut être classé en trois groupes, le premier groupe comprend les génotypes les moins florifères: Jumbo, Rajai Torpe, Rondo et Wando (nombre de fleurs inférieur à 20 fleurs/plante), le deuxième groupe comprend les génotypes les plus florifères: Asgrow, Snajor Kosep Korai, génotype local et Surgevil (nombre de fleurs supérieur à 30 fleurs/plante). Le groupe intermédiaire comprend les autres génotypes: Lincoln, Merveille de Kelvedon, Purser et Major Kosep Korai (Figure 7). Dans cette collection, la différence entre les génotypes est significative. Cette variabilité a été constatée sur une autre collection de pois, le nombre de fleurs a varié de 65% en fonction des génotypes (14).

4. Fructification de la plante

4.1. Nombre de branches fructifères

Les branches porteuses des fleurs sont comptées après récolte de toutes les gousses de la même plante. Leur nombre par plante varie significativement entre les douze génotypes. Selon la figure 8, le nombre de branches de la plante varie de 1,83 à 4,16. Les plantes les plus ramifiées (4,16 branches/plante) appartiennent au génotype Lincoln, les plantes les moins ramifiées (nombre de branches inférieur à 2) sont les génotypes Jumbo et Rajai Torpe. Le reste des génotypes présente un nombre de branches variant de 2 à 3 branches/plante.

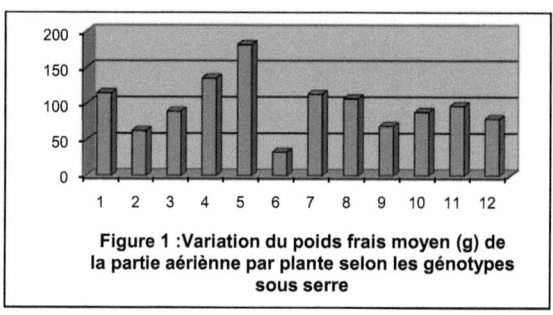

Figure 1 : Variation du poids frais moyen (g) de la partie aériènne par plante selon les génotypes sous serre

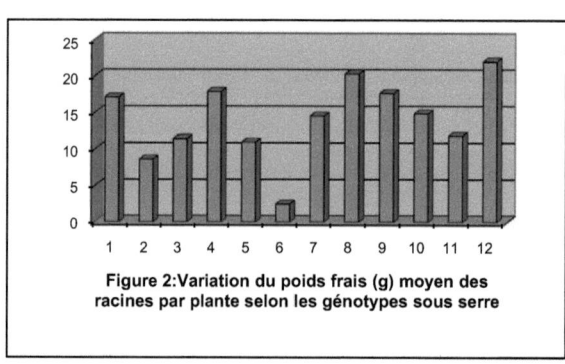

Figure 2: Variation du poids frais (g) moyen des racines par plante selon les génotypes sous serre

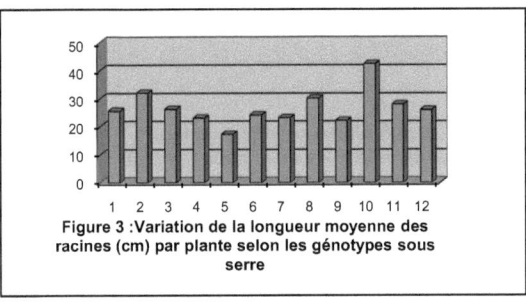

Figure 3 : Variation de la longueur moyenne des racines (cm) par plante selon les génotypes sous serre

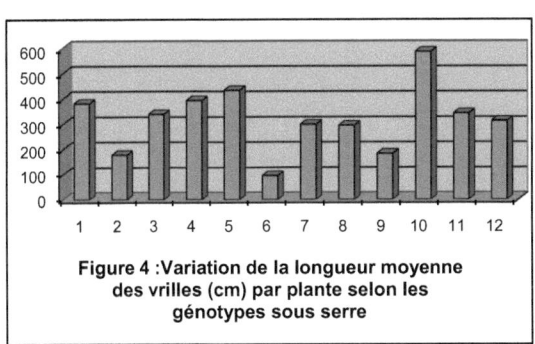

Figure 4 : Variation de la longueur moyenne des vrilles (cm) par plante selon les génotypes sous serre

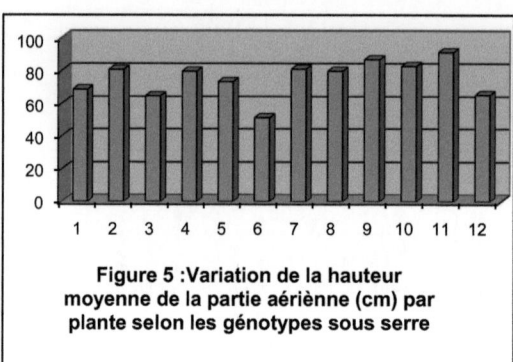

Figure 5 : Variation de la hauteur moyenne de la partie aériènne (cm) par plante selon les génotypes sous serre

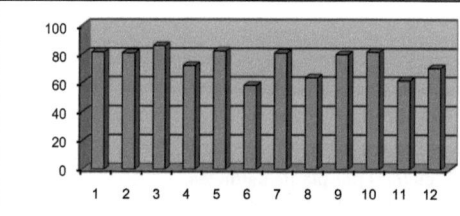

Figure 6 : Variation de la date de floraison moyenne (jours) selon les génotypes en plein champ

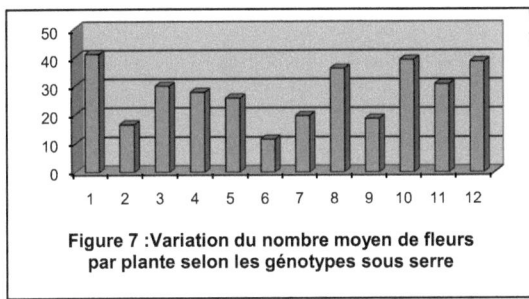

Figure 7 : Variation du nombre moyen de fleurs par plante selon les génotypes sous serre

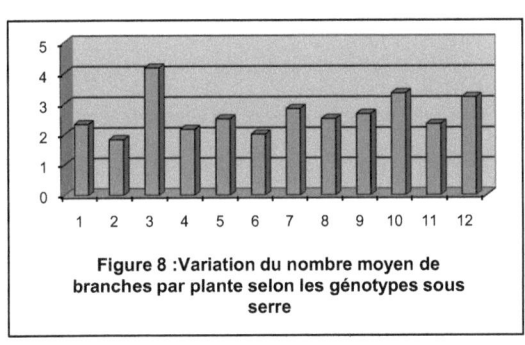

Figure 8 : Variation du nombre moyen de branches par plante selon les génotypes sous serre

4.2. Nombre de gousses par plante

Le nombre de gousses produites par plante varie de 4 à 22 gousses/plante (Tableau 3). Dans ce cas, les douze génotypes se diffèrent significativement entre eux, ils peuvent donc être classés en trois groupes: les génotypes ayant produit le plus grand nombre de gousses (> 10 gousses/plante) sont: génotypes Asgrow, Merveille de Kelvedon et Purser. Les génotypes ayant donné un nombre moyen de gousses (5 à 10 gousses/plante) sont Jumbo, Rajai Torpe, Snajor Kosep Korai, Major Kosep Korai et Surgevil. Les génotypes les moins productifs (< 5 gousses/plante) sont Lincoln, Rondo, Wando et le génotype local. L'analyse de variance a montré des différences significatives entre les 12 génotypes.

4.3. Nombre de grains par gousse et nombre de grains par plante

La gousse de la plante du pois peut contenir de 1,6 à 4,9 grains. Deux génotypes de toute la collection se distinguent par les nombres de grains par gousse les plus élevés, il s'agit des génotypes Purser et Rajai Torpe contenant plus de 4 grains par gousses. La gousse du génotype Surgevil a le plus faible nombre de grains (1,6 grains) (Tableau 3). Selon le tableau 3, le plus grand nombre de grains/plante est enregistré chez un seul génotype, le génotype Purser, soit un rendement de 83,7 grains/plante. Les rendements des génotypes Asgrow, Merveille de Kelvedon et Rajai Torpe, est presque égal à la moitié du rendement de celui du génotype Purser (38,8 à 42 grains/plant). Les rendements des génotypes Snajor Kosep Korai et Major Kosep Korai représentent environ le 1/3 de celui du génotype Purser. Quant aux autres génotypes, leur rendement en grains sont faibles, compris entre 6,8 et 18,6 grains/plante. Pour ces deux paramètres, l'analyse de variance a montré des différences significatives entre les génotypes.

4.4. Rendement en grains par plante

Le rendement en grains secs par plante a varié de 2,04 à 24 g/plante. Les plantes ayant un rendement égal ou supérieur à 10 g/plante appartiennent à trois génotypes: Merveille de Kelvedon (11,64 g/plante), Asgrow (12,6 g/plante) et Purser (24 g/plante). Il est également à noter que cinq génotypes se montrent les moins productifs (rendement inférieur à 5 g/ plante): Jumbo, Lincoln, Rondo, Wando et génotype local.

Discussion

A la lumière des résultats obtenus, les 12 génotypes montrent des différences au niveau de la résistance aux quatre maladies, trois champignons (l'oïdium, mildiou, anthracnose) et deux virus (jaunisse apicale et brunissement précoce), de la croissance végétative, de la floraison et de la fructification. En effet, l'état sanitaire des plantes dépend du génotype et de la maladie observée. En général, les génotypes sont résistants au brunissement précoce (excepté Rondo) et à la jaunisse apicale (excepté Jumbo, Major kosep koraï et Surgevil). Par contre, ils sont sensibles à l'oïdium (excepté Purser et Surgevil) et au mildiou (excepté Jumbo, Purser et Surgevil). Quant à la résistance à l'anthracnose, uniquement sept génotypes se sont montrés résistants (Asgrow, Lincoln, Merveille de Kelvedon, Purser, Wando, Major kosep koraï et Surgevil). En résumé, le génotype Purser se dégage de cette collection pour sa résistance à toutes les maladies et le génotype Surgevil se place en second lieu car il est sensible à la jaunisse apicale. En revanche, le génotype local se montre sensible. Ce faible nombre de génotypes résistants à l'oïdium (2 génotypes), fréquent dans les conditions agronomiques tunisiennes a été signalé dans une autre étude qui consiste à examiner la résistance à l'oïdium de 400 variétés de pois (6), cette étude a montré que ce caractère existe uniquement chez quelques variétés originaires de Pérou et du Mexique. Au point de vue croissance végétative, le poids frais total de la plante entière a varié en fonction du génotype, une telle remarque a été également soulevée chez une autre collection de pois (1). En plus, le génotype Asgrow a produit le plus grand rendement en biomasse fraîche (racines + partie aérienne), tandis que le génotype Purser a eu le plus petit rendement en matière fraîche, moins que la moitié du génotype Asgrow. Car, chez le génotype Purser, la majorité de la partie aérienne est composée de vrilles et peu de folioles, il s'agit du type semi-leafless (6). Par contre, la partie aérienne des plantes du génotype Asgrow est formée plus de folioles que de vrilles, type normal (5). Le rendement élevé des variétés du type semi-leafless a déjà été constaté (18).

Toutefois, au niveau de la nouaison des fleurs, il paraît que le rendement en matière fraîche totale n'est pas un critère fiable pour prévoir le taux de nouaison de chaque génotype (Tableau 3). Car excepté le génotype Merveille de Kelvedon (taux de nouaison= 55,1%), certains génotypes (Asgrow, Jumbo, Lincoln, Merveille de Kelvedon, Snajor kosep korai, génotype local et Surgevil) ayant donné un rendement important en matière fraîche (30 g/plante), ont un taux de nouaison inférieur à 30%. Sous l'effet du poids de la partie aérienne, la plante s'affaisse et se trouve plus sensible aux maladies cryptogamiques ce qui accentue la chute des fleurs (4). D'où le meilleur taux de nouaison (supérieur à 30%) est observé chez les génotypes les moins productifs en matière fraîche totale, il s'agit des génotypes suivants: Snajor kosep korai (32%), Asgrow (37,5%), Major kosep korai (37,9%), Rajai Torpe (68,2%) et Purser (90%).

Nos résultats montrent également que les meilleurs rendements, sont enregistrés chez les génotypes ayant un taux de nouaison supérieur à 30%, il s'agit des génotypes Major kosep koraï, Snajot kosep koraï, Rajai Torpe, Asgrow, Merveille de Kelvedon et Purser, ils varient de 8,4 g/ plante (Snajor kosep koraï: taux de nouaison= 32%) à 24g/plante (Purser, taux de nouaison= 90%). Ces résultats sont confirmés dans une étude (15) dans laquelle la variété Solara qui présente le taux de nouaison le plus élevé est la plus performante. Dans ce groupe, le rendement augmente en fonction du nombre de grains/gousse et du nombre de gousses/plante (3, 13). Ainsi, chez le génotype Purser caractérisé par le meilleur rendement (24 g/plante), on compte 21,6 gousses/ plante et 4,25 grains/gousse.

Conclusion

La culture de 12 génotypes de pois sous serre durant 5,5 mois, du 17 octobre au 6 avril, a permis de dégager les meilleurs génotypes du point de vue résistance aux maladies (oïdium, mildiou et anthracnose) fréquents en automne-hiver et rendement, deux critères très recherchés par les agriculteurs. Certains génotypes sont résistants à l'oïdium (Purser et Surgevil), au mildiou (Jumbo, Purser et Surgevil) et à l'anthracnose (Asgrow, Lincoln, Merveille de Kelvedon, Purser, Wando, Major kosep koraï et Surgevil). Le génotype Purser se montre le plus performant. Les meilleurs rendements en grains/plante sont donnés par les génotypes ayant le taux de nouaison le plus élevé, supérieur à 32% (Asgrow, Snajor kosep koraï, Major kosep koraï, Purser, Merveille de Kelvedon et Rajai Torpe), résultants d'un nombre élevé de gousses/plante et d'un nombre élevé de grains/gousse. Mais, dans ce cas, la matière fraîche de la partie aérienne ne contribue pas à l'augmentation du rendement car les génotypes les plus productifs ont synthétisé le plus faible taux de matière fraîche (exemple le

génotype Purser).

Sur le plan agronomique, trois génotypes peuvent être retenus, Purser, Asgrow et Merveille de Kelvedon en raison de leur résistance à toutes les maladies observées (Purser) et leurs importants rendements (surtout Purser, le plus productif). Toutefois, les génotypes Asgrow et Merveille de Kelvedon doivent être préventivement protégés contre l'oïdium et le mildiou.

Références Bibliographiques

1. Atta S., 1995, Etude de la variabilité génétique pour la fixation et la remobilisation de l'azote chez le pois (Pisum sativum L.). Incidence sur la teneur en protéines des grains. Thèse, université de Rennes I, 135 p.

2. Baigorri H., Antolin M.C. & Sanchez-Diaz M., 1999, Reproductive response of two morphologically different pea cultivars to drought. European Journal of Agronomy. Volume **10**, 2, 119-128.

3. Bouslama M., Garoui M. & Harrabi M., 1990, Path analysis in chick pea (Cicer arietinum L.). Revue de l'INAT, vol .**5**, N°193 -99.

4. Cousin R., Burghoffer A. & Marget P., 1993, Morphological and genetic bases of resistance in pea to cold and drought. In: Singh K.B., Saxena M.C., Breeding for stress tolerance in cool-season food legumes, John Wiley Chichester, 311-320.

5. Cousin R., Vingere A., Burghoffer A. & Schmidt J., 1995, Main diseases resistances in pea (Pisum sativum L.). 2nd European conference on grain legumes, Copenhagen, 9-13 July 1995. AEP, Paris, 105.

6 . Chaux C. & Foury C., 1994, Productions légumières tome III. Tech & doc Lavoisier, 17-74.

7. Gnis, 2005, Le pois protéagineux, des ressources en protéines à découvrir. Centre de recherches sur les semences et les espèces végétales, 1-11. http://gnis pedagogie.org/pages/plantaprotein /pois/ htm.

8. Gye S.O. & Lauver M.A., 2005, Residue cover in wheat systems following dry pea and lentil in the palouse region of Idaho. Soil and tillage research. Article in press.

9. Hodsgon L., 2004, L'année 2004: l'année du pois. Le soleil.http://lesoleil. cyberpresse. ca /journal/ 2004/02/22/ horticulture/00629.

10. Kharrat M., 2004, Amélioration variétale des légumineuses alimentaires. Fiche technique de l'action de recherche. 1401401.4 p.

11. Page D. & Duc G., 2005, La graine de pois, une source de protéines prometteuse. John Libbey Eurotext.1 p.http://www.John -Libbeyeurotext. fr/revues /agro-biotech/ocl/e-docs/00/03/035.

12. Pikul J.L., Ramig R.E. & Wilkins D.E., 1993, Soil properties and crop yield among four tillage systems in a wheat-pea rotation. Soil and tillage research.Volume **26**, 2 , 151-162.

13. Poggio S.L., Satorre E.H., Dethiou S. & Gonzalo G.M., 2005, Pod and seed numbers as a function of photothermal quotient during the seed set period of field pea (Pisum sativum L.) crops. European Journal of Agronomy, Volume **22**, 1, 55-69.

14. Ridge P.E. & Pye D.L., 1985, The effects of temperature and frost at flowering on the yield of peas grown in Mediterranean environment. Field crops research, Volume **12**, 339-346.

15. Roche R., Jeuffroy M.H. & Ney B., 1998, A model to simulate the final number of reproductive nodes in pea (Pisum sativum L.). Annals of botany, Volume **81**, 4, 545-555.

16. Sifi B., 2004, Agronomie et techniques culturales des légumineuses alimentaires. Fiche technique du rapport final de l'action de recherche. 2000-2003, 3 p.

17. Tirilly Y. & Bourgeois C.-M., 1999, Le pois de conserve (Pisum sativum L.). 143-185. In: Technologie des légumes. AUPELF-UREF. Editions: TEC & DOC., 558 p.

18. Uzun A., Bilgili U., Sincik M., Filya I. & Acikgoz E., 2005, Yield and quality of forage type pea lines of contrasting leaf types. European Journal of Agronomy. Volume **22**, 1, 85-94.

Chap. III. Etude de la variabilité génétique chez le pois (*Pisum sativum* L.)

Résumé

L'objectif principal de ce travail est d'explorer la variabilité intraspécifique pour rendement et pour d'autres paramètres, ainsi que de déterminer les critères de selection susceptibles d'etre utilisés dans les programmes d'amélioration génétique du rendement de pois. Pour déterminer ces critères, plusieurs paramètres morphologiques, composés du rendement et de ses composants, des paramètres phénologiques, des caractéristiques de la feuille, des paramètres de croissance, ont été étudiés sur douze variétés de pois dans deux environnements différents: sous serre et en champ. Les résultats ont montré une grande variabilité génétique entre les génotypes pour: nombre de gousses par plante, les paramètres phénologiques, la longueur de la plante, le nombre de branches, le rendement et ses composantes ainsi que pour les caractéristiques de la feuille. Les résultats d'analyse de corrélations et composantes principales ont montré que les paramètres: Nombre de grains par plante, la hauteur, la biomasse, la longueur et la surface de vrilles, la date de levée et la date de la floraison, peuvent être déterminants dans les critères de selection des hauts rendements.

Abstract

The principal objective of this work is to explore intraspecific variability for yield and other parameters, and to determine some criteria to make selection species easy in early stage in programs of genetic improvement of yield of peas. To determine these concepts, many morphological parameters, composed of yield and its components, phenological parameters ,characteristics of leaf , parameters of growth, were studied on 12 lines of pea in two different environments : under greenhouse and in field. The results showed an important genetic variability between the genotypes for: Number of pods per plant, the phonological parameters, and the length of plant, the number of branches, the yield and its components and for the characteristics of leaf. The results of correlations and principal components analyses showed that the parameters : Number of grains by plant, height, biomass, length and surface of tendrils, date of levee and date of flowering, may be determinant criteria in an improving yield .

Mots Clés: Rendement, parameters phénologiques, correlations, analyses statistiques, pois.

Key words: Yield, phenological parameters, correlations, statistical analysis, Pea

1. Introduction

Le pois protéagineux (*Pisum sativum* L.) est une importante source de protéines et de vitamines. Malgré ces importances, les productions et les superficies consacrées pour cette culture sont faibles en Tunisie et loin de pouvoir satisfaire les besoins du consommateur, ceci peut être du à: une distribution irrégulière des pluies, une utilisation de variétés étrangères non adaptées aux conditions climatiques et édaphiques, des limitations des superficies des pois en secs. En effet, la culture des pois subit une forte concurrence, une augmentation des coûts de production, un manque des programmes d'amélioration. Pour satisfaire les besoins du consommateur et rendre la culture du pois plus rentable, il est nécessaire d'augmenter sa production et ce par la création de nouveaux génotypes hautement productifs et mieux adaptés aux conditions culturales précédentes. L'expérimentation est le moyen le plus utilisé actuellement en sélection pour évaluer les génotypes d'intérêt [Lecomtte, 2005]. Le programme de sélection du pois est absent en Tunisie à notre connaissance. Le critère de sélection des nouvelles variétés de pois le plus important est le rendement. D'autres paramètres sont également évalués, telle la précocité de la floraison, la hauteur à la récolte, la résistance à l'anthracnose, la verse et la teneur en protéines des grains [Munier-Jolain, 2004]. La variabilité du rendement est probablement aujourd'hui l'un des critères majeurs utilisés par les agriculteurs pour renoncer à la culture du pois. C'est donc un facteur important sur lequel peut s'appuyer l'agriculteur pour déterminer le risque qu'il aura à introduire ces nouveaux types de variétés dans son assolement et donc qui peut conditionner la réussite de leur adoption. Il nous est donc apparu indispensable de caractériser l'intérêt de nouvelles constructions génétiques par rapport à leurs effets sur la variabilité du rendement, sur les composantes du rendement et sur plusieurs autres paramètres agronomiques. Dans ce contexte, cette étude a été réalisée dans le but d'exploiter la variabilité génétique de douze variétés de petit pois, afin de déterminer des critères de sélection pour le rendement.

2. Matériel et méthodes

2.1. Matériel utilisé

Le Matériel végétal utilisé dans cette étude est composé de douze génotypes de petit pois d'origines diverses.

2.2. Protocole expérimental

Deux essais ont été menés à l'Institut Supérieur Agronomique de Chott Mariem (ISA), Sousse.

2.2.1. Essai sous serre

L'essai a été réalisé sous abri-serre couvert de polyéthylène simple paroi. La surface de la serre a été aussi couverte de polyéthylène simple paroi pour minimiser les attaques par les ravageurs. Les douze génotypes ont été répartis dans des pots en plastique de 24 cm de diamètre sur des tablettes à une hauteur de 50 cm au dessus du sol. Les graines des génotypes sont imbibées d'eau distillée et mises en germination dans des boites de Pétri durant 48 heures à une température voisine de 23°C. Une fois germées, les graines de chaque génotype sont semées dans des pots (Figure 1). Les pots utilisés ont pour dimensions: 13.5 cm de diamètre inférieur, 24cm de diamètre supérieur et 23 cm de profondeur. Chaque pot est rempli d'un mélange de tourbe stérile (2/3) et de perlite (1/3) et contient au fond une couche de gravier pour faciliter la percolation d'eau excédante. L'essai est réalisé selon un dispositif en bloc aléatoire complet, avec 12 génotypes par bloc. Les blocs, au nombre de 4 comportent chacun 24 pots, à raison de 2 pots par génotype.

Le semis est réalisé en octobre pour toutes les variétés. Les plantes sont attachées à des tuteurs dès le stade 4 à 5 feuilles. Au cours de la période de remplissage des gousses, les tuteurs n'assument plus le poids des plantes, un palissage fut donc nécessaire. L'irrigation a été réalisée une fois par semaine avec de l'eau de robinet à raison de 0.5 litre par plante et par semaine. L'arrachage des plantes au stade de floraison est effectué en janvier soit 102 jours après le semis. L'arrachage des plantes au stade de maturité pour l'étude des composantes du rendement est réalisé au mois d'avril.

2.2.2. Essai en plein champ

L'essai a été conduit au domaine du centre de recherche de Génie Rurale de Chott Mariem sur un sol homogène de texture argilo-sableuse, le précédent cultural a été une culture de tomate et de piment de saison biologiques (Figure 2). La parcelle utilisée dans cet essai a subi comme travaux de préparation un labour profond de 35 cm environ, un passage avec un motoculteur. De même la parcelle a été entourée par un grillage pour empêcher d'éventuelles attaques par des animaux ravageurs. Le pourtour de la parcelle a subi un désherbage manuel et trois passages successifs par le pesticide LANNATE concentré à raison de 1 Kg de matière active dans 10 litres d'eau. Les trois passages sont décalés d'une semaine. Le dispositif expérimental adopté dans cet essai est un dispositif aléatoire complet avec trois blocs. Chaque bloc comporte douze génotypes répartis au hasard. Chaque unité expérimentale comporte quatre lignes distantes de 1 mètre avec un écartement de semis sur la ligne de 0.5 m.

Les trois blocs sont distants de 1.5 mètre (Figure 3). Pour éliminer l'effet de la bordure, l'ensemble des trois blocs été entouré par une variété locale à une distance égale à 0.5 mètre.

Le semis est réalisé au mois de Novembre. Deux graines sont semées dans chaque emplacement pour maximiser la chance de levée des plantes, au stade 4 à 5 feuilles, la plante la moins vigoureuse des deux levées est arrachée et éliminée. Deux binages ont été réalisés, le premier au stade 7 à 8 feuilles, le deuxième 31 jours plus tard. Deux désherbages manuels étaient réalisés durant la culture, le premier effectué avant la floraison, le deuxième pendant la phase de grossissement des grains. Un système d'irrigation goutte à goutte était installé, l'irrigation n'a été pratiquée 8 fois durant la culture. L'arrachage des plantes pour le dosage d'azote total est réalisé 84 jours après le semis au stade pré – floraison, à raison de deux plantes par parcelle élémentaire, soit 72 plantes au total. Les plantes ainsi arrachées, la partie souterraine est séparée de la partie aérienne et lavée soigneusement à l'eau de robinet pour l'étude des nodules. La partie aérienne est pesée et mise à l'étuve pour le dosage de l'azote total dans la plante. La récolte au stade maturité a été effectuée lorsque les plantes sont totalement sèches. La culture est conduite biologiquement sans intrants chimiques.

2.3. Paramètres mesurés
2.3.1. Paramètres mesurés sous serre
Paramètres de croissance

Ces paramètres sont mesurés pour les plants du premier bloc, soit au total 24 plants: le poids frais de la partie aérienne, le poids frais des racines, le poids sec des racines, la longueur des racines, le nombre total des entre-nœuds.

L'étude foliaire

Pour chaque plant du premier bloc soit 24 plants, les paramètres suivants sont mesurés : la surface totale des folioles, la surface totale des vrilles, la longueur totale des vrilles, la distance totale entre vrilles et folioles.

L'étude des composantes du rendement

Les mesures sont réalisées sur les plants des trois derniers blocs au stade de maturité, soit au total 72 plants. Les paramètres suivants sont ainsi mesurés pour chaque plant: la hauteur de la plante, le nombre de branches/plante, le nombre de fleurs/plante, le nombre de gousses/plante, le nombre de graines /plante, le nombre de graines / gousse, la biomasse, le rendement en graines /plante, le poids de 100 grains, la fertilité de la plante = nombre des gousses/nombres des fleurs, l'indice de récolte (IR) = rendement en graines par plante/biomasse.

Dosage de l'azote total dans la graine

Le dosage de l'azote total dans la graine est effectué pour tous les génotypes avec trois répétitions pour chaque génotype, soit 36 plantes au total.

2.3.2. Les paramètres mesurés en plein champ

La date de levée-La date de floraison

Pour chaque variété, la date de levée et la date de floraison sont mesurés dans chaque bloc. L'observation a été faite tous les deux jours.

La mesure des paramètres de croissance

Au stade de préfloraison deux plantes par parcelle élémentaire prises au hasard ont été arrachées, soit 36 plantes au total. Pour chaque plante, les racines sont séparées et lavées soigneusement à l'eau de robinet et les nodules sont extraits. Les paramètres suivants sont mesurés : longueur de la racine/plante, poids frais de la racine/plante, poids frais de la partie aérienne/plante, poids sec de la partie aérienne/plante, nombre des nodules/plante, poids sec des nodules/plante.

Le dosage d'azote total dans la plante

Les plantes arrachées pour les mesures des paramètres de croissance ont servi de même pour le dosage d'azote total dans la plante par la méthode de Kjeldhal.

L'étude des composantes du rendement

Les mesures des composantes du rendement sont effectuées sur les plantes récoltées à la maturité à raison de deux plantes par variété et par bloc, ce qui fait 72 plantes .Les composantes du rendement mesurées sont les mêmes qui sont mesurées sous serre.

3. Analyses statistiques

3.1.Analyse de variance

Toutes les analyses statistiques ont été réalisées à l'aide du logiciel S.A.S. Les observations de chacun des paramères étudiés qui sont au nombre de 20 pour chacun des sites, ont été soumis à une analyse de variance en blocs aléatoire complets séparement , et ce dans le but de detecter l'effet variétal. Pour l'ensemble des paramètres, l'analyse de variance a été effectuée en utilisant la procédure proc GLM du SAS (1997) avec l'obtion LS mesures /p diff selon le modèle:

Yij = μ + αi + βj + e ij

Avec : αi : effet génotype

βj : effet bloc

3.2. Comparaison des moyennes

La comparaison des moyennes ajustées (moyennes des moindres carrés) des différents paramètres a été effectuée selon la procédure **P**lus **P**etite **D**ifférence **S**ignificative (PPDS) pour les paramètres étudiés et ce pour voir si ces derniers ont des effets sur l'expression des génotypes.

3.3. Corrélations entre les paramètres étudiés

L'expression des paramètres étudiés est variable suivant les génotypes, ainsi l'étude des relations entre les 20 paramètres a été matérialisée par la matrice des coefficients de corrélation simples à la base de (12 x 20) observations par site. Le but de déterminer les coefficients de corrélation est de déterminer l'intensité de la liaison linéaire entre variables et la relation de chaque paramètre étudié avec les autres. La procédure proc corr su SAS a été utilisée

3. 4. Analyse en composantes principales (ACP)

L'analyse en composantes principales a été basée sur la moyenne des observations à travers les deux sites et pour les 20 paramètres. Cette méthode d'analyse permet de grouper les variables corrélées entre elles en un nombre réduit de facteurs principaux. Cette analyse a été effectuée pour résumer la variabilité totale en quelques composantes. La procédure prin comp du logiciel SAS 1997 a été utilisée.

3.5. Méthode de classification hiérarchique ascendante des génotypes

La classification hiérarchique ascendante des génotypes est réalisée par la méthode d'agrégation : Moyennes non pondérées des génotypes associés (UPGMA) en utilisant les distances euclidiennes entre les génotypes et un dendogramme a été généré à partir de ces distances en utilisant le logiciel STATISTICA version 3.5.

4. Résultats et discussion

4.1. Analyse de la variance des caractères étudiés et comparaison des moyennes

L'analyse de variance réalisée sur les paramètres sous serre et en plein champ permet d'estimer la variabilité génétique des douze génotypes qui ont montré des différences significatives pour la plupart des paramètres étudiés (Tableaux 2-9). Une large variabilité génotypique a été observée pour la date de floraison. La précocité de la floraison un mécanisme important d'échappement à la sécheresse sous climat semi-aride. Ceci est confirmé par Voisin et Salon [2004] qui montrent que dans le climat méditerranéen la plante doit fleurir au moment opportun pour éviter les dégâts causés par les gels printaniers tardifs, et par la sécheresse et les hautes températures en fin de cycle. La variabilité du paramètre: poids frais des racines est hautement significative pour les génotypes sous serre mais elle est non significative en plein champ. L'effet des souches de Rhizobium peut expliquer cette variabilité. En effet, selon Soon et Arshad [2004], les Rhizobium peuvent synthétiser des phytohormones, tels que l'acide indol-acétique (AIA) et peuvent agir positivement sur le développement de la plante, même sous forme libre, sans formation de nodules. Par ailleurs, on remarque que l'interaction des souches de Rhizobium avec les génotypes varie considérablement avec les conditions de l'essai. Les mêmes auteurs rapportent qu'en plus de l'information génétique, les facteurs environnementaux peuvent déterminer l'ultime configuration du système racinaire.

L'analyse de variance pour le poids frais de la partie aérienne a montré une différence très significative entre les génotypes sous serre, et non significative en plein champ. Quant à l'analyse de variance pour la longueur des vrilles, elle a montré une variabilité très significative entre les génotypes. Alors que la surface des folioles montre une différence non significative entre les génotypes. Certes, la surface de la feuille détermine la capacité photosynthétique de la plante. Puisque la feuille du pois est de type composée, la surface de la feuille du pois est donc la somme de la surface des folioles et des vrilles; d'ou la sélection pour ce caractère est difficile dans les zones semi arides ou la surface foliaire diminuerait sous le stress hydrique afin de minimiser les pertes d'eau et donc réduire l'activité photosynthétique [Cousin *et al.*, 1985]. L'analyse de variance pour le taux des protéines ne montre pas une différence significative entre les génotypes sous serre et en plein champ.

Concernant la variabilité présente entre le rendement et les composantes du rendement, elle est très importante entre les génotypes à travers les deux sites. Le nombre de branches a montré avec assez d'évidence qu'une variabilité existe aussi bien sous serre qu'en plein champ. Pour le nombre de gousses, l'analyse de variance a montré une nette variabilité entre les génotypes, sous serre. En plein champ, aucune différence n'a pu être décelée. La réduction du nombre de fleurs sous serre est accompagnée inévitablement par une réduction du nombre de gousses, par comparaison aux valeurs moyennes enregistrées en plein champ.

Concernant l'analyse de variance de la fertilité ne montre pas une différence significative entre les génotypes sous serre ainsi qu'en plein champ. La variation significative du nombre de graines par gousse suggère que la fertilité des gousses est un caractère prépondérant et semble être sous le contrôle génétique comme le suggère Mathura *et al.* [2006] et Million [2012]. Sous serre, l'analyse de variance de la biomasse a permis de mettre en évidence un effet hautement significatif entre les génotypes. L'analyse de variance pour le rendement ne montre pas une différence significative entre les génotypes aussi bien sous serre qu'en plein champ. Ce caractère est donc tributaire des conditions environnementales, d'autant plus que le rendement en grains a été très affecté par le stress biotique (oïdium, mildiou, anthracnose) qui a été sans doute à l'origine d'une baisse importante du rendement. Ces constatations sont confirmées par Ghobary, [2010].

4.2. Corrélations entre le rendement et les paramètres étudiés

L'examen des coefficients de corrélations a montré des relations complexes entre les 20 paramètres étudiés dans les deux sites.

4.2.1. Corrélations entre le rendement et les paramètres étudiés sous serre

Parmi les composantes du rendement, le nombre de gousse par plante (NGO) est fortement corrélé avec le rendement (RDT), r = 0.82; il en est de même pour le nombre de graines (NGR) (r =0.96) et le nombre de graines par gousse (NGG) (r =0.66) (Tableau 10). Donc une sélection dans le même programme d'amélioration pour ces trois composantes sera très bénéfique; d'autant plus que les combinaisons entre les trois composantes est positivement significative. En effet, une corrélation très significative existe entre NGO et NGR (r = 0.91), et entre NGO et NGG (r = 0.35). Donc une sélection pour les paramètres NGO, NGR et NGG serait préconisée afin d'améliorer le rendement en grains. Ces résultats corroborent ceux de Barbottin *et al.,* [2005] et de Sharma et al. [2007]. D'un autre côté, la biomasse (BM) est associée positivement à l'indice de récolte (IR) avec un coefficient r = 0.11. Elle est aussi corrélée positivement avec la fertilité avec r = 0.42 .Ces relations montrent que le matériel végétal utilisé produit autant de couvert végétal que de graines. L'amélioration de la biomasse pourrait être obtenue en sélectionnant les caractères IR et FER comme le démontre Katyar et dixit [2009].

Par ailleurs le rendement en grains est corrélé négativement et très significativement avec la hauteur (H), (r = -0.28) et le nombre de branches (NB) (r = - 0.30) et significativement avec le nombre de fleurs (NFL), (r = -0.11). Outre, la hauteur (H) est négativement corrélée avec le nombre de gousse (NGO) (r = - 0.08), le nombre de graines (NGR) (r = -0.17), et avec le nombre de graines par gousse (NGG) (r = - 0.22). Ces trois composantes sont très fortement et positivement corrélées avec le rendement. Ces corrélations montrent que l'importance du nombre de graine par plante, de la fertilité de la gousse et donc du rendement en grains est associée négativement à la hauteur de la plante (H) et le nombre de branches par plante (NB), ce qui revient à dire que plus la plante est courte et moins dense, plus elle est fertile et la densité de la gousse est importante. Des résultats similaires ont été constatés par Sing [2006] et par Slaehi et al.[2010]. Les composantes du rendement idéales sont celles qui sont fortement et positivement avec le rendement et donc les effets compensatoires mutuels sont positifs aussi. Ainsi, les corrélations sont très significatives et positives entre le rendement et les composantes : NGO, NGR, NGG, BM, IR et FER. De plus, l'association entre ces différentes composantes reste positive. Donc la sélection de ces composantes dans le même programme d'amélioration serait bénéfique.

Le rendement en grains est négativement et significativement corrélé avec la hauteur de la partie aérienne (HPA) ($r = -0.32$) et avec le nombre d'entre –nœuds (NEN) ($r = -0.22$). Les corrélations entre le rendement, le poids frais des racines (PFR), et la longueur des racines (LRA) sont de même négativement significatives, avec comme coefficients: $r = -0.27$ pour le premier caractère, et $r = -0.57$ pour le deuxième. Ceci montre que plus la plante produit de graines moins elle est vigoureuse, ce qui confirme le phénomène compensatoire des paramètres de croissance et du rendement signalées par Bourion *et al.* [2007] et Khan et al. [2013]. Outre, des corrélations positives et significatives existent entre la hauteur de la partie aérienne (HPA) et les paramètres: poids frais de la partie aérienne (PFPA), le nombre d'entre nœuds (NEN) et le poids frais des racines (PFR), les coefficients enregistrés sont $r = 0.26$ pour le premier paramètre, $r = 0.11$ pour le deuxième et $r = 0.36$ pour le troisième. De plus, l'association entre HPA et LRA est positivement significative. De plus, le rendement est corrélé négativement avec les protéines (PR), ce paramètres est à son tour positivement corrélé avec HPA, ($r = 0.61$), avec NEN, ($r = 0.04$), avec PFR ($r = 0.22$), et avec LRA ($r = 0.29$). De plus ce paramètre est fortement et négativement corrélé avec les composantes du rendement ayant enregistré des fortes corrélations avec le rendement. On note des coefficients de corrélations suivants: $r = -0.41$ entre les protéines (PR) et le nombre de graines (NGR), $r = -0.45$ pur l'association entre les protéines et l'indice de récolte (IR). Ces résultats ne nous permettent pas de considérer les paramètres HPA, NEN, PFR, LRA et PR comme critères de sélection pour un meilleur rendement puisqu'ils sont liés négativement au rendement et présentent des corrélations mutuelles positives.

Une corrélation très significative et positive est notée entre le rendement et la surface des vrilles (SFV) (r = 0.89). Une corrélation positive est établie aussi entre le rendement et la longueur des vrilles (LV) et la distance entre vrilles et folioles (DVF) avec comme coefficient r = 0.1 pour le premier paramètre et r = 0.11 pour le deuxième. Les paramètres: surface des vrilles, longueur des vrilles et distance entre vrilles et folioles sont fortement corrélés entre eux et hautement et significativement corrélés avec les composantes du rendement. Par ailleurs, la distance entre vrilles et folioles (DVF) est associée négativement avec les composantes : NGO, IR et FER .Une sélection pour une longueur et une surface des vrilles élevée permettraient donc une meilleure efficacité photosynthétique et une vigueur garantie en grains [Johonson et Wichern, 2007]. La surface des folioles (SF) est négativement corrélée avec le rendement et négativement corrélée avec les paramètres SFV, LV, DVF qui sont fortement corrélées avec le rendement en grains, de plus ce paramètre est corrélé significativement et négativement avec les composantes du rendement. Pour résumer, on peut dire qu'une amélioration du rendement en grains de pois serait efficace en sectionnant pour une surface et une longueur des vrilles importantes, et pour une surface des folioles et une distance entre vrilles et folioles réduites.

4.2.2. Corrélations entre le rendement et les paramètres étudiés en plein champ

Les corrélations observées entre le rendement d'une part, et la hauteur (H), le nombre de branches (NB), le nombre de fleurs (NFL), et la biomasse (BM) d'autre part sont positives et significative (Tableau 11). Ceci explique que la performance de la plante caractérisée par une masse végétative et un nombre de branches et de fleurs élevés, favorise l'augmentation de l'activité photosynthétique et par suite du rendement en grains. De plus, les plantes les plus hautes renferment plus de nœuds fructifères et par conséquent assurent les rendements les plus élevés [Saeed, 2008]. Le rendement est fortement et significativement corrélé avec le nombre de gousse (NGO) (r = 0.57), le nombre de graines (NGR) (r = 0.60) et avec le nombre de graines par gousse (NGG) (r = 0.30). Ces corrélations positives et significatives nous permettent de suggérer une sélection visant un grand nombre de gousses, de graines et de graines par gousse pourrait contribuer à l'amélioration du rendement d'autant plus que les composantes NGO, NGR et NGG sont associées positivement entre elles. Les corrélations négatives constatées entre le nombre de gousses et le nombre de graines par gousse nous indiquent que le remplissage des gousses en grains dépend de leurs nombre, en effet pour un faible nombre de gousses, l'énergie fournie par la plante s'oriente vers le remplissage de ces dernières en graines [Cokking et Colkesen, 2007].

Pour un nombre élevé de gousses, on assiste à une réaction inverse. Donc pour un programme d'amélioration qui vise la production de gousses à gros calibre renfermant plus de graines, il serait judicieux de sélectionner les génotypes caractérisés par le nombre de gousses le plus faible et inversement, pour le rendement en quantité. En effet, d'après notre étude, le nombre de gousse par plante est un critère de sélection plus fiable, puisqu'il est hautement corrélé avec le rendement, plus que le nombre de graines par gousse. Donc on a intérêt à choisir des plantes qui auraient un nombre de gousses plus élevé que de choisir des plantes à gousse contenant plus de graines. Ces résultats peuvent être confirmés par les corrélations significatives et négatives entre le rendement et le poids de 100 grains ($r = -0.24$). Ces résultats concordent avec ceux de Togay *et al.* [2008] et Petr *et al.* [2012]. La précocité exprimée par la date de levée (DLEV) et la date de floraison (DFL) est associée au rendement par des corrélations presque nulles avec la date de levée et avec la date de floraison ($r = -0.04$ et $r = 0.06$ respectivement). Par ailleurs, la date de floraison (DFL) est corrélée positivement et significativement avec la biomasse (BM), en d'autres termes plus la biomasse de la plante est importante plus les fleurs apparaissent précocement. D'autre part, la date de levée (DLEV) et la date de floraison (DFL) agissent positivement sur le rendement en augmentant le nombre de gousses (NGO) et le nombre de graines (NGR), en effet les coefficients de corrélations entre la DLEV d'une part et la DFL d'autre part sont respectivement $r = 0.36$ et $r = 0.21$.

Les corrélations négatives entre la date de floraison et le poids de 100 graines nous permettent de dire que les variétés les plus précoces assurent les bonnes qualités ceci est du au fait que les variétés précoces fleurissent à des stades encore jeunes correspondant à une masse végétative faible et assurent une faible quantité d'énergie qui se limite à la croissance des premières gousses, au dépend du développement de la plante. Par contre, les variétés tardives présentent leurs premières fleurs à partir du quinzième nœud ou encore plus, après avoir développé une masse végétative importante, donc elles ont tendance à donner plusieurs fleurs, plusieurs gousses. Suite à une concurrence entre ces dernières, on tend à avoir des graines de petites tailles et plus légères. Ces résultats nous permettent de suggérer une sélection pour la précocité de levée et de la floraison pour améliorer le rendement, à travers les composantes: Nombre de gousses et nombre de graines. Ces mêmes paramètres sont préconisés par Banterng *et al.* [2004] et Nawab *et al.* [2009] dans les programmes d'amélioration du pois. Des corrélations négatives sont notées entre le rendement et les paramètres: Poids frais de la partie aérienne (PFPA) et poids sec de la partie aérienne (PSPA). Le poids frais des racines (PFRA) et la longueur des racines (LRA) sont significativement corrélés avec le rendement (r = 0.08; r = 0.21 respectivement). Certes, un système racinaire vigoureux et profond permet à la plante de mieux explorer et utiliser les éléments minéraux, l'eau du sol et assurer donc un meilleur rendement [Lamure et Munier-Jolain, 2004].

D'autre part, le nombre de nodules par plante (NN) est corrélé positivement avec le rendement. Les protéines sont aussi corrélées positivement avec le rendement (r = 0.18). Cette corrélation est confirmée par le fait que les paramètres: Poids sec des nodules (PSN) et les protéines (PR) sont significativement et positivement corrélés à la biomasse (BM) qui est corrélée positivement à son tour au rendement. Cette corrélation positive s'explique par le fait que l'énergie nécessaire à la formation et au fonctionnement des nodosités est fournie par la biosynthèse; une augmentation de la teneur en CO_2 dans la plante provoque une augmentation du nombre de nodules, de la fixation de l'azote et du taux des protéines dans la plante [Nisar *et al.*, 2008] ; [Rubio *et al.*, 2014].

Les corrélations positives existantes entre les caractères: NN, PR, PSN, PFRA et LRA, et leurs corrélations positives avec le rendement laisse entrevoir la possibilité de les sélectionner dans les programmes d'amélioration du pois. Cependant seul le paramètre longueur des racines (LRA) est corrélé positivement avec les paramètres corrélés positivement et significativement avec le rendement à savoir la hauteur (H) et la biomasse (BM). Les autres paramètres présentent des corrélations négatives ou nulles avec le nombre de gousse, la hauteur et la biomasse.

4.3. Analyse en composantes principales

Les taux de la variance cumulée sont de 81.6 % sous serre et de 92.63 % en plein champ. (Tableaux 12-15).

4.3.1. Analyse du facteur 1

Sous serre, le facteur 1 explique 58.57 % de la variabilité totale (Fig 4), il est corrélé significativement avec les variables : NGO, NGR, RDT, BM et IR. En effet, l'examen des corrélations entre ces caractères montre les résultats suivants:

NGO x NGR   r=0.93**

NGO x RDT   r=0.91**

NGO x BM   r=0.79**

NGO x IR   r=0.78**

NGR x RDT   r=0.95**

NGR x BM   r=0.86**

NGR x IR   r=0.78**

RDT x BM   r=0.82**

RDT x IR   r=0.84**

BM x IR   r=0.51**

En plein champ, le facteur 1 explique 39.89 % de la variabilité totale (Figure 7), il est corrélé significativement avec NGO, NGR et, BM, et à une mesure moindre avec RDT et H. La matrice de corrélation permet de vérifier ce résultat :

NGO x NGR   r = 0.86**

NGO x BM   r = 0.74**

NGO x RDT   r = 0.51**

NGO x H   r = 0.55**

NGR x BM   r = 0.71**

NGR x RDT   r = 0.46**

NGR x H   r = 0.55**

BM x RDT   r = 0.32**

BM x H   r = 0.46**

RDT x H   r = 0.44**

La variabilité expliquée par le facteur 1 est donc en étroite relation avec les caractéristiques de la gousse, à savoir le nombre de gousses, le nombre de graines dans la gousse .Par conséquent c'est l'axe des composantes du rendement liées aux caractéristiques de la gousse. Le rendement en graines est en étroite relation de même avec la biomasse (BM) et l'indice de récolte (IR) qui est le rapport entre le rendement en graines et la biomasse. Donc, la sélection pour le rendement pourrait être préconisée en considérant les caractéristiques citées pour les deux sites.

4.3.2. Analyse du facteur 2

Sous serre, le facteur 2 explique 20.64 % de la variabilité totale (Figure 5), il est bien défini par les variables : NB et PR et à moindre degrés par la variable H. Ces associations sont vérifiées par les coefficients de corrélation:

NB x PR   r=0.45**
NB x H   r=0.13*
H x PR   r=0.57**

En plein champ, le facteur 2 explique 25.93 % de la variabilité totale (Figure 8), il est très bien défini par la variable IR. Il est clair que le facteur 2 est l'axe caractéristique des protéines. D'après Atta *et al.* [2004] l'évolution de la répartition de l'azote dans les différents organes de la plante du pois au cour de son développement montre que les variétés précoces sont plus riches en azote que celles tardives et donc plus riches en protéines. Les différences des teneurs en protéines entre les variétés précoces et tardives peuvent donc expliquer les différences du rendement. Donc le taux de protéines peut être un critère de sélection pour un meilleur rendement.

4.3.3. Analyse du facteur 3

Sous serre, le facteur 3 explique 13.42 % de la variabilité totale (Figure 6), il est défini par la variable H et à moindre mesure par les variables NB, BM et IR. On peut vérifier ces associations moyennant les coefficients de corrélations:

H x NB   r=0.13*

H x IR   r=0.54**

NB x IR   r=0.45**

BM x IR   r=0.51**

4.4. La classification hiérarchique ascendante par la méthode d'agrégation

Sous serre, la classification hiérarchique ascendante des génotypes fait apparaître trois groupes associés et deux génotypes, classés de la manière descendante qui suit: Le génotype 5 et le génotype 6 ayant donné les meilleurs rendements, sont isolés du reste des génotypes. Le premier groupe formé par les génotypes 12 et 3. Le deuxième groupe est formé par les génotypes 9 et 7, s'associe au génotype 10. Le troisième groupe comporte les génotypes 8, 4 et s'associe aux génotypes 1, 11 et 2 (Figure 10).

En plein champ, la classification hiérarchique ascendante par la méthode d'agrégation montre trois génotypes isolés et 4 groupes dont la description ascendante est la suivante : Les génotypes 6 ,11 et 4 sont isolés du reste des génotypes. Les génotypes 12, 3 forment le premier le groupe suivi du génotype 10 qui se présente isolé. Le deuxième groupe est formé par les génotypes 8 et 7, le troisième groupe comporte les génotypes 5, 2. En bas du classement on trouve les génotypes 9 et 1 qui forment le quatrième groupe (Figure 11).

Conclusion

L'étude de la variabilité génétique pour 20 caractères dans deux conditions environnementales différentes sous serre et en plein champ montre l'importance de la diversité génétique de douze génotypes de petit pois. Le but de l'étude de cette diversité génétique est de déterminer un programme de sélection des génotypes adaptés aux deux environnements: sous serre et en plein champ. L'analyse de variance réalisée pour l'ensemble des caractères étudiés a montré une grande variabilité pour les caractères : hauteur de la plante (H) , nombre de branches (NB) ,les paramètres phénologiques

(DLEV) et (DFL), et les composantes du rendement : Nombre de gousses (NGO), nombre de graines (NGR), et indice de récolte (IR). Cette variabilité est attribuée à la diversité des génotypes étudiés. Le rendement est une composante complexe qui a été exprimée différemment dans les différents sites vue l'hétérogénéité des génotypes et de leurs interactions avec les deux environnements.

L'analyse des matrices de corrélations des deux sites a montré l'existence d'associations significatives et positives entre le rendement et les caractéristiques des vrilles, les composantes du rendement: NGO, NGR, NGG BM, IR et FER, sous serre. En plein champ, l'analyse de corrélations a montré des corrélations significatives et positives entre le rendement d'une part, et les paramètres phénologiques (DLEV, DFL), la hauteur (H) le nombre de branches (NB) le nombre de fleurs (NFL), le nombre de gousses (NGO) la biomasse (BM), la longueur des racines (LRA), et les protéines (PR) d'autre part. L'analyse en composantes principales, nous a permis de confirmer que l'amélioration du rendement en grains est réalisable à travers l'amélioration du nombre de graines, le nombre de gousses, la biomasse, l'indice de récolte, les protéines, la hauteur, et le nombre de branches.

Abréviations:

BM : Biomasse

DVF : Distance entre vrilles et folioles

FER : Fertilité

G : grammes

H : Hauteur

HPA : Hauteur de la partie aérienne

IR : Indice de récolte

LRA: Longueur des racines

LV : Longueur des vrilles

Mg : Magnésium

MS : Matière sèche

N : Azote

NB: Nombre de branches

NEN : Nombre d'entre nœuds

NFL: Nombre de fleurs

NGG: Nombre de graines par gousse

NGO: Nombre de gousses

NGR: Nombre de grains

PFPA : Poids frais de la partie aérienne

PFR : Poids frais des racines

PR : Protéines

RDT : Rendement

SF : Surface des folioles

SFV : Surface des vrilles

Références

Atta S., Maltese S., et Cousin R., 2004. Protein content and dry weight of seeds from various pea genotypes. Agronomie 24:257-266.

Banterng P., Patanothai A., Pannangpetch K., S. Jogloy, and G. Hoogenboom. 2004. Determination and evaluation of genetic coefficients of peanuts lines for breeding applications. Eur. J. Agron. 21:297-310.

Barbottin A., Lecomte C., Bouchard C., et Jeuffroy M., 2005. Nitrogen remobilisation during grain filling in wheat: genotypic and environmental effect. Crop Sci. 45:1141-1150.

Bourion V., Laguerre G., Depret G., Voisin A.S., Salon C., et Duc G., 2007. Genetic Variability in Nodulation and Root Growth Affects Nitrogen Fixation and Accumulation in Pea. Annals of Botany 100: 589–598.

Cokking A., et Colkesen M., 2007. The determination of relationship between yield and yield components by using correlation and path coefficient analysis methods for pea (Pisum sativum L.). Turkish Vn. Field crop congress., pp. 649-652.

Cousin R., Massager A., et Vingere A., 1985. Breeding for yield in common peas. The peas Crops. P.H. Hebblethwaite, M.C. Heath and T.C.K. Dawkins (Eds.). Butterworths., 115-129.

Ghobary H., 2010. Study of relationships between yield and some yield components in garden pea (Pisum sativum L.), by using correlation and path analysis. J. Agric. Res. Kafer El-Sheikh Uni., 36: 351-360.

Johonson R. , Wichern D. , 2007. Applied Multivariate Statistical Analysis. Sixth edition. Pearson Prentice Hall, Upper Seddle River, New Jersey. p. 773.

Katyar P., Dixit G ., 2009. Multivariate analysis for genetic divergence in field pea (Pisum sativum) germplasm. Indian J. Agric. Sci. ISSN 0019-5022, 79 (3):181-183.

Khan T., Ramzan A., Jillani G., Mehmood T. ,2013. Morphological Performance of Peas (pisum sativum) Genotypes under Rainfed conditions of Potowar Region. J. Agric. Res., 51(1):51- 60.

Larmure A., et Munier-Jolain N., 2004. Teneur en protéines des graines, p. 217-244, In B. V. Munier-Jolain Na., Chaillet I., Lecoeur J., Jeufrroy M.H., ed. Agrophysiologie du pois protéagineux. INRA-Arvalis, Paris.

Lecomte C., 2005. L'évaluation expérimentale des innovations variétales: proposition d'outils d'analyse de l'interaction génotype x milieu adaptés à la diversité des besoins et des contraintes des acteurs de la filière semences, Thèse de Doctorat, INA-PG, Paris-Grignon (France)

Mathura R ., Verma R., Kumar V. ,2006. Multivariate genetic analysis of pea (Pisum sativum L.). Veg. Sci. 33(2):149-154.

Million F., 2012. Variability, heritability and association of some morpho-agronomic traits in field pea (Pisum sativum L.) genotypes. Pak. J. Biol. Sci. 15:358-366.

Munier-Jolain, N. 2004. Poids d'une graine, p. 129-135, In B. V. Munier-Jolain Na., Chaillet I., Lecoeur J., Jeufrroy M.H., ed. Agrophysiologie du pois protéagineux. INRA-Arvalis, Paris.

Nawab N., Subhani G., Mahmood K., Shakil Q., Saeed A., 2009. Genetic variability, correlation and path analysis studies in garden pea (Pisum sativum L.). J. Agric. Res. 46(4):333-340.

Nisar M., Ghafoor H., Ahmad M., Khan A., Qureshi H., Islam M., 2008. Evaluation of genetic diversity of pea germplasm through phenotypic trait analysis. Pak. J. Bot. 40(5):2081-2086

Petr S., Aubert G., Burstin J., Coyne C., Ellis N., Flavell A., Ford R., Hýb M., Macas J., Neumann P., McPhee K., Redden R., Rubiales D., Weller J., Warkentin T., 2012. Pea (Pisum sativum L.) in the Genomic Era. Rev. Agron. 2:74-115, ISSN 2073-4395.

Rubio L., Perez A., Ruiz R., Guzman M., Aranda-Olmedo I. et Clemente A., 2014. Characterization of pea (Pisum sativum) seed protein fractions. J Sci Food Agric. ;94(2):280-7.

Saeed M., 2008. Genetic variability, correlation and path analysis studies in garden pea (Pisum sativum L.). J. Agric. Res. 46(4):333-340.

Salehi M., Faramarzi A., et Mohebalipour N., 2010. Evaluation of different effective traits on seed yield of common bean (Phaseoulus vulgaris L.), with path analysis. American-Eurasian J. Agric. & Environ. Sci., 9 (1): 52-54.

Sharma M., Sood A., Rana S., 2007. Genetic variability and association studies forgreen pod yield and component horticultural traits in garden pea under high hill dry temperate conditions .Indian J. Hort. 64(4):410-414.

Singh J., 2006. Genetic divergence in advanced genotypes for grain yield in field pea (Pisum Sativum L.). Legume Res. 29(4):301-303.

SoonY., et Arshad M., 2004. Contribution of di-nitrogen fixation by pea to the productivity and N budget of a wheat-based cropping system. J. Agri. Sci. 142:629-637.

Togay N., Togay Y., Yildirim B. et Dogan Y., 2008. Relationships between yield and some yield components in Pea (Pisum sativum ssp arvense L.) genotypes by using correlation and path analysis African Journal of Biotechnology. Vol. 7 (23), pp. 4285-4287.

Voisin A., et Salon C., 2004. Efficience de la nutrition azotée, p. 94-98, In B. V. Munier-Jolain Na., Chaillet I., Lecoeur J., Jeufrroy M.H., ed. Agrophysiologie du pois protéagineux. INRA-Arvalis, Paris.

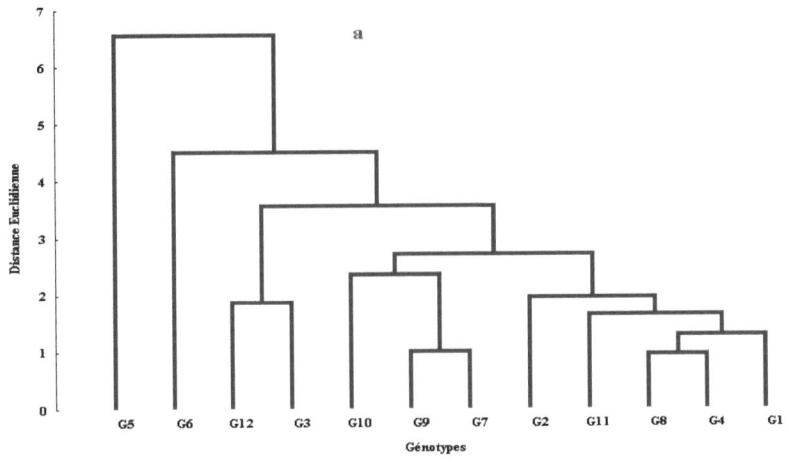

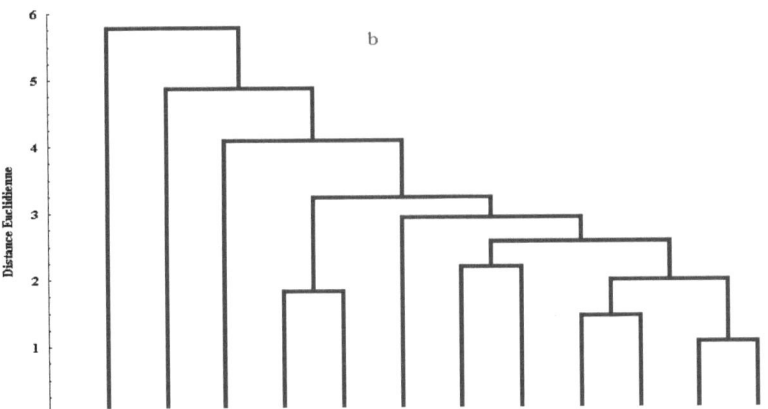

a -FIG 24-Classification hiérarchique ascendante des génotypes sans serre par la méthode d'agrégation
b -FIG :25- Classification hiérarchique ascendante des génotypes en plein champs par la méthode d'agrégation

ANNEXE 1 : Analyse de variance -SERRE

Tableau N°7 : Carrés moyens de la hauteur (H), du nombre de branches (NB), du nombre de fleurs(NFL), du nombre de gousses (NGO) et du nombre de graines(NGR).

SV	ddl	H (cm)	NB	NFL	NGO	NGR
Génotype	11	1071.73**	2.57**	565.87**	200.82**	3510.18 ns
Erreur	24	164.91	0.77	62.29	21.2	247.06
CV		16.15	33.23	28.52	48.72	54.35
*,** Différences significatives au seuil de p <0.05 et 0.01 respectivement. Ns différences non significatives au seuil de p < 0.05.							

Tableau N°8 : Carrés moyens du nombre de graines par gousse(NGG), du rendement (RDT) de la biomasse (BM), de l'indice de récolte(IR) et de la fertilité (FER).

SV	ddl	NGG	RDT	BM	IR	FER
Génotype	11	48654.78*	243.30 ns	1231.01 **	1114.87 ns	3305.52 ns
Erreur	24	17113.99	9.21	146.68	36.42	296.32
CV		42.85	53.33	33.15	39.78	44.58
*,** Différences significatives au seuil de p <0.05 et 0.01 respectivement. ns: différences non significatives au seuil de p < 0.05.							

Tableau N°9 : Carrés moyens de la hauteur de la partie aérienne (HPA),du poids frais de la partie aérienne (PFPA) ,du nombre d'entre nœuds (NEN) du poids frais des racines (PFR) et de la longueur des racines (LRA).

SV	ddl	HPA (cm)	PFPA (gr)	NEN	PFR (gr)	LRA (cm)
Génotype	11	250.28 *	2861.64 **	391.07 ns	58.98 **	78.46 *
Erreur	12	61.69	445.16	295.3	7.94	19.13
		10.44	21.65	35.86	19.91	16.44

*,** Différences significatives au seuil de $p < 0.05$ et 0.01 respectivement. ns : différences non significatives au seuil de $p < 0.05$.

Tableau N °10 : Carrés moyens de la surface des vrilles(SFV) ,de la longueur des vrilles (LV) de la surface des folioles (SF) ,de la distance entre vrilles et folioles (DVF) ,et des protéines (PR).

SV	Ddl	SFV (cm²)	LV (cm)	SF (cm²)	DVF (cm)	PR (%)
Génotype	11	2569.97 **	33379.95 **	217307.65 ns	23155.32 **	22.18 ns
Erreur	12	30.08	7656.02	169570.87	2890.36	26.97
		44.48	27.34	42.69	29.99	18.86

*,** Différences significatives au seuil de $p < 0.05$ et 0.01 respectivement. Ns : différences non significatives au seuil de $p < 0.05$.

ANNEXE 2 : Analyse de variance -CHAMP

Tableau N °11 : Carrés moyens de la date de levée(DLEV) ,de la date de floraison (DFL), du poids frais de la partie aérienne (PFPA), du poids sec de la partie aérienne (PSPA), et du poids frais des racines (PFRA).

SV	Ddl	DLEV (jours)	DFL(jours)	PFPA (gr)	PSPA (gr)	PFRA (gr)
Génotype	11	46.57 **	266.02 **	852.62 ns	14.84 ns	4.66 ns
Erreur	24	13.22	17.75	524.87	11.8	2.51
CV		7.8	5.64	56.69	64.81	50.29
* ,** Différences significatives au seuil de p <0.05 et 0.01 respectivement. ns : différences non significatives au seuil de p < 0.05.						

Tableau N ° 12 : Carrés moyens de la longueur des racines (LRA), du nombre des nodules (NN) du poids sec des nodules (PSN) , des protéines (PR) et de la hauteur (H).

SV	Ddl	LRA (cm)	NN	PSN (gr)	PR (%)	H (cm)
Génotype	11	6.87 ns	1362.11 ns	0.002523 ns	17.37 ns	546.98 **
Erreur	24	16.97	706.05	0.002266	25.10	56.65
CV		23.58	58.25	58.69	33.22	8.51
* ,** Différences significatives au seuil de p <0.05 et 0.01 respectivement. ns : différences non significatives au seuil de p < 0.05.						

Tableau N°13 : Carrés moyens du nombre de branches (NB) ,du nombre de fleurs (NFL) ,du nombre de gousse (NGO) , du nombre de graines (NGR) , et du nombre de graines par gousse (NGG)

SV	ddl	NB	NFL	NGO	NGR	NGG
Génotype	11	1.29 **	458.34 ns	340.355 ns	8588.05 ns	1.94 ns
Erreur	24	0.243	390.14	325.56	8454.08	3.27
CV		15.84	31.99	42.02	46.98	37.2
*,** Différences significatives au seuil de p <0.05 et 0.01 respectivement. ns : différences non significatives au seuil de p < 0.05.						

Tableau N °14 : Carrés moyens du rendement (RDT) ,de la biomasse (BM) , du poids de 100 grains (p 100), de l'indice de récolte (IR) ,et de la fertilité (FER).

SV	Ddl	RDT (gr)	BM (gr)	p 100 (gr)	IR (%)	FER (%)
Génotype	11	532.45 ns	3482.65 ns	49.7 ns	2058.63 ns	273.5 ns
Erreur	24	602.03	2372.78	25.63	1971.38	215.42
CV		67.55	47.72	23.51	39.46	68.56
*,** Différences significatives au seuil de p <0.05 et 0.01 respectivement. ns : différences non significatives au seuil de p < 0.05.						

ANNEXE 3 : Analyse en composantes principales

Tableau N° 15 : Analyse en composantes principales sous serre

Tableau des valeurs propres et de la variance

Valeurs	Valeurs propres	% total de la variance	Valeurs propres cumulées	% de la variance cumulées
1	4,68	58,58	4,68	58,57
2	1,65	20,64	6,34	79,22
3	1,08	13,42	7,41	92,63

Corrélations des variables avec les composantes principales

Variables	Facteur 1	Facteur 2	Facteur 3
H	0,306	0,667	-0,618
NB	0,313	0,784	-0,488
NGO	-0,923	0,191	-0,048
NGR	-0,635	0,17	-0,138
RDT	-0,979	0,018	-0,035
BM	-0,816	0,049	-0,494
PR	0,573	0,72	0,139
IR	-0,869	-0,032	0,407

Tableau N °16 : Analyse en composantes principales en plein champ

Tableau des valeurs propres et de la variance

Valeur	Valeurs propres	% total de la variance	Valeurs propres	% de la variance cumulées
1	3,19	39,89	3,19	39,884
2	2,075	25,938	5,265	65,822
3	1,263	15,784	6,528	81,607

Corrélations des variables avec les composantes principales

Variables	Facteur 1	Facteur 2	Facteur 3
H	0,583	-0,001	-0,382
NB	0,375	0,391	0,794
NGO	0,95	0,154	0,02
NGR	0,868	0,211	-0,105
RDT	0,672	-0,638	-0,112
BM	0,734	0,29	-0,077
PR	0,212	-0,659	0,666
IR	0,124	-0,962	-0,1

I want morebooks!

Buy your books fast and straightforward online - at one of the world's fastest growing online book stores! Environmentally sound due to Print-on-Demand technologies.

Buy your books online at
www.get-morebooks.com

Achetez vos livres en ligne, vite et bien, sur l'une des librairies en ligne les plus performantes au monde!
En protégeant nos ressources et notre environnement grâce à l'impression à la demande.

La librairie en ligne pour acheter plus vite
www.morebooks.fr

SIA OmniScriptum Publishing
Brivibas gatve 1 97
LV-103 9 Riga, Latvia
Telefax: +371 68620455

info@omniscriptum.com
www.omniscriptum.com

Printed by Books on Demand GmbH, Norderstedt / Germany